[美] 阿尔弗雷德·S.波萨门蒂 著

涂泓 冯承天 译

数学奇趣

逗乐百万人的趣味数学问题

上海科技教育出版社

图书在版编目（CIP）数据

数学奇趣：逗乐百万人的趣味数学问题／（美）阿尔弗雷德·S.波萨门蒂著；涂泓，冯承天译. －－ 上海：上海科技教育出版社，2024. 12. －－（数学桥丛书）.

ISBN 978 - 7 - 5428 - 8322 - 3

Ⅰ. 01 - 49

中国国家版本馆 CIP 数据核字第 2024WL9813 号

责任编辑　　卢源
封面设计　　符劼

数学桥丛书

数学奇趣——逗乐百万人的趣味数学问题

[美]阿尔弗雷德·S.波萨门蒂　　著

涂泓　　冯承天　　译

出版发行　　上海科技教育出版社有限公司

（上海市闵行区号景路 159 弄 A 座 8 楼　邮政编码 201101）

网　　址　www. sste. com　www. ewen. co

经　　销　各地新华书店

印　　刷　上海商务联西印刷有限公司

开　　本　720 × 1000　1/16

印　　张　20.75

版　　次　2024 年 12 月第 1 版

印　　次　2024 年 12 月第 1 次印刷

书　　号　ISBN 978 - 7 - 5428 - 8322 - 3/N·1237

图　　字　09 - 2021 - 0383 号

定　　价　82.00 元

前 言

逗大家开心是相当容易的。我们可以讲一个笑话，讲一个有趣的故事，展示一些有趣的照片，甚至可以唱一首歌。这些都是为公众提供乐趣的常见方式。不过，在这方面似乎有点出乎意料的是，我们也可以用不寻常但令人惊叹的数学知识逗乐大家。其中一些例子可能非常简单，甚至什么都不需要解释就可以达到目的。还有一些例子会被认为很了不起，它们能够引导读者真正欣赏数学，因为也许他们在学生时代没能意识到这一点。不幸的是，大多数学校的数学教学受到严格的课程引导，并被定期测验控制着。此外，一些学区会根据学生在标准化考试中的成绩来评定教师的教学表现。这就导致一个相当严格的教学计划，通常被称为"应试教学"。很遗憾，这样的教学计划几乎没有给展示数学的一些美的方面留下空间。而其中许多方面本来是可以用轻松的方式呈现的，它们可以相当有趣。在我们开启欣赏数学的各个有趣方面的旅程之前，了解是什么造就了这种乐趣非常重要。

当我们对普通读者进行调查时，经常会发现大多数人都会自豪地说，他们在上学的时候数学不是特别强，仿佛这是一枚要带到未来的荣誉勋章。不过，我们希望通过对数学的各个有趣方面的展示，能够改变人们对这门最重要学科的这种看法。在大多数情况下，为了具有趣味性，讲解的内容必须轻松、简短，不要过多建立在以往数学经验的基础上。有人甚至建议,"边吃边聊"可能是提供这些有趣方面的一个很好的方式。

例如,如果你在和朋友们聊天,并想让他们对你在数学方面的非凡智慧刮目相看,那么你可以向他们露一手,展示你如何心算一个两位数乘以 11。你需要做的就是告诉他们把这两位数字相加,然后将和放在这两位数字之间。例如,34 × 11 需要做加法 3 + 4 = 7,然后将 7 放在 3 和 4 之间,得到 374。一个可能立即提出的问题是"如果这两位数字之和大于 9,你怎么办?"在这里,我们只需要将 1 与原来的十位数相加。例如,当我们做乘法 78 × 11 时,其中 7 + 8 = 15,我们将 5 放在 7 和 8 之间,再将 1 和 7 相加,因此结果就是 858。我们将在本书后面更详细地讨论这个主题,到那时我们将把乘以 11 的数扩展到两位以上。再说一遍,当我们展示任何趣味问题时,时间安排和呈现方式都很重要,我们将在呈现数学的许多有趣方面时设法提醒这一点。

有些时候,向观众展示一个不寻常的数学奇趣,得到的回应会是"这不可能"。例如,你取一个任意大小的数,然后将各位数字逆序得到另一个数。当你将这两个数相减时,其结果总是可以被 9 整除。比起匆匆忙忙地讲完这个例子,让观众用自己选择的数来尝试一番才是比较明智的做法。比如以 1357 这个数为例,其各位数字逆序的数是 7531。这两个数之差是 6174,等于 9 ×686。顺便说一下,在这个随机的例子中,我们碰巧遇到了 6174 这个数,我们将在本书的后面探讨这个数的许多有趣的神奇之处。

本书中,我们将提供大量的趣味数学例子,包括几何、代数、概率、逻辑,以及其他一些领域,例如我们刚刚遇到的趣味算术。有些趣味数学活动需要一些逻辑思维,它们可以通过代数或数学的其他传统方面来加以解释。不过,最重要的是,它们很容易理解,并且会产生真正意想不到的结果,因此确实会带来乐趣。一个这样的例子可以用硬币来完成,它将向你展示某种聪明的推理,再加上非常基本的代数知识,帮助你整理出这个意想不到的结果。假设你和朋友坐在一间关了灯的黑屋子里的一张桌子旁。桌子上有 12 枚硬币,其中 5 枚正面朝上,7 枚反面朝上。她知道这些硬币在哪里,因此可以通过滑动硬币来混合它们。但是由于房间很暗,她不知道她碰到的那些硬币最初是正面朝上还是反面朝上。现在,你让她把硬币分成两堆,分别是 5 枚和 7 枚,然后翻转 5 枚那一堆中的所有硬币。令所有人惊叹的是,当灯打开时,两堆硬币中正面朝上的硬币数量一定是相等的。朋友的第一反应是"你一定在开玩笑!"怎么可能有人能在看不清硬币是正面朝上还是反面朝上的情况下完成这项任务呢?该趣味问题的解答一定会令这位朋友大受启发,同时也会表明代数符号怎样帮助人们理解问题。

现在让我们来看一下对这个令人惊讶的结果的解释。在这里,巧妙运用代数将是解释这个意外结果的关键,它简单得令人难以置信。让我们"切入正题"。这 12 枚硬币中,有 5 枚正面朝上,7 枚反面朝上。她在看不清硬币的情况下把它们分成两堆,每一堆分别有 5 枚和 7 枚。然后她翻转较少那堆中的 5 枚硬币,于是两堆中正面朝上的硬币数量就一样了。

好吧,稍做一点代数运算能在这里帮助我们理解实际上发生了什么。假设当她在黑暗的房间里把硬币分堆时,有 h 枚正面朝上的硬币在 7 枚那一堆里。于是在另一堆的 5 枚硬币里就会有 $5-h$ 枚正面朝上的硬币。为了得到 5 枚硬币那一堆中反面朝上的硬币数,我们从这堆硬币的总数 5 中减去正面朝上的 $(5-h)$ 枚,得到 $5-(5-h)=h$ 枚反面朝上的硬币。

5 枚的硬币堆	7 枚的硬币堆
$5-h$ 枚正面朝上	h 枚正面朝上
$5-(5-h)=h$ 枚反面朝上	

当她翻转较少那堆(5 枚的硬币堆)中的所有硬币时,$(5-h)$ 枚正面朝上的硬币变成了反面朝上,而 h 枚反面朝上的硬币变成了正面朝上。现在每一堆都有 h 枚正面朝上的硬币了!

将较少那堆中的硬币翻转后的情况

5 枚的硬币堆	7 枚的硬币堆
$5-h$ 枚反面朝上	h 枚正面朝上
h 枚正面朝上	

这个绝对令人惊讶的结果将向你展示:最简单的代数运算怎样解释了数学的有趣一面。

通过这些简短的例子,我们希望能让你感受到数学领域所能提供的许多意想不到的违反直觉的乐趣。现在就和我们一起踏上体验数学的这些有趣方面的旅程吧!

目　录

第1章　趣味算术

大多数人谈到算术概念时,都会回想起他们在小学里学习的那个科目。对他们来说,这个概念主要由 4 种基本运算组成:加、减、乘、除。在他们的整个求学过程中,这些运算扩展到对分数进行计算,也许还有开平方根。在我们这个不断发展的技术世界里,如今在需要完成这些运算时,大多数人会借助计算器。

当算术的知识或概念仅限于其实用性这一最低限度的形式时,大部分数学之美就丧失了。事实上,算术会在一些非常简单有趣的方面被非常优美地展示出来。当你读到本章结尾时,你会发现许多非常令人吃惊的现象。现在让我们从一道益智类问题开始,它需要一点点数学洞察力。

一个简单的热身练习

有时候,一个非常简单的问题也会有点挑战性。考虑图 1.1 所示的圆形箭靶,其中给出了射中每一环的得分值。为了恰好得到 100 分,至少需要有多少支箭射入这块箭靶?

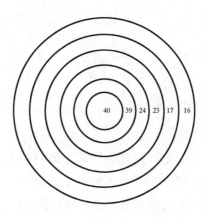

图 1.1

你的观众们开始尝试各种组合,在太多挫折感出现之前,你揭示了答案:需要 6 支箭,其中 4 支射中 17 这个环,2 支射中 16 这个环,于是(4 × 17) + (2 × 16) = 68 + 32 = 100。

既然观众们都非常熟悉算术运算,下面请他们考虑一下如何用 11,13,31,33,42,44,46 这些数最有效地生成 100。答案是:11 + 11 + 13 + 13 + 13 + 13 + 13 + 13 = 100。如果他们觉得有趣,就可能会想开发出其他属于此类的趣味算术题。

一个令人困惑的问题

作为进一步的热身,让我们深入了解算术及其小奥秘,考虑下面这个令人困惑的问题:

求一个分数,当它的两倍加上它的一半,然后乘以原来的分数时,得出的结果就是原来那个分数。

要解决这个问题,我们只需要意识到,如果将前几个算术运算的结果乘以原数而得出原数,那么前面的那个结果必定是 1。因此,我们需要从一个分数开始,它的两倍再加上它的一半会得到 1。这个分数是 $\frac{2}{5}$,将它乘以 2 就得到 $\frac{4}{5}$,然后取它的一半得到 $\frac{1}{5}$,将其与 $\frac{4}{5}$ 相加,得到 $\frac{4}{5} + \frac{1}{5} = \frac{5}{5} = 1$。因此,当我们做最后的乘法时,得到 $1 \times \frac{2}{5} = \frac{2}{5}$,而这就是我们想要的结果。

另一个可能很有趣的热身练习是用从 1 到 9 的数字,每个恰好用一次,来构成三个相等的分数。在给观者们一点时间去构思一些可能性之后,下面你给出几个例子:

$$\frac{2}{4} = \frac{3}{6} = \frac{79}{158}$$

$$\frac{3}{6} = \frac{7}{14} = \frac{29}{58}$$

$$\frac{3}{6} = \frac{9}{18} = \frac{27}{54}$$

$$\frac{2}{6} = \frac{3}{9} = \frac{58}{174}$$

这样的问题会让观众感到非常有趣——有时也会很有挑战性。现在继续我们的旅程,去经历算术所提供的许多不寻常的、令人惊讶的、有趣的方面。

一些逗趣的算术花絮

容易呈现而又有令人惊讶结果的那些逗趣小花絮,往往可以进一步启发观众。尽管以下每一个简短的奇趣问题都能很好地激发兴趣,但应该记住:现在以及在整本书中所呈现的风格,或者说呈现者的热情,对于恰当地引发观众的兴趣是至关重要的。好了,让我们开始吧,先来考虑以下几个简短的奇趣问题:

● 你可能想先给你的观众一个逗趣的小挑战。让他们想想可以将哪个符号放在 2 和 3 之间,结果会是一个大于 2 而小于 3 的数。他们可能会尝试使用那些常用算术运算符,例如 ×、+、−、÷,结果发现它们都不会产生 2 到 3 之间的数。答案的简单程度会令他们惊讶:小数点符号可以产生 2.3,这样就解决了这个问题。

● $3^2 + 4^2 = 5^2$ 是众所周知的,这主要是因为毕达哥拉斯定理①。然而,令人惊讶的是,还有 $3^3 + 4^3 + 5^3 = 6^3$,尽管它不那么出名。

● 考虑前面提到的毕达哥拉斯三元数组,即 (3,4,5),其中 $3^2 + 4^2 = 5^2$。我们注意到,前两个数是相继的。向观众们提出挑战,看看他们能否找到其他前两个数相继的毕达哥拉斯三元数组。下一组是 (20,21,29),因为 $20^2 + 21^2 = 29^2$。接下去这样的三元数组是 (119,120,169) 和 (696,697,985)。另一个符合这个标准的是 (803 760,803 761,1 136 689)。找到其他这样的三元数组会相当有挑战性(甚至可能带来乐趣)。

找到后两个数相继的毕达哥拉斯三元数组要简单得多。这里仅举几组供参考:(3,4,5),(5,12,13),(7,24,25),(9,40,41),(11,60,61),(13,84,85),(15,112,113),可以一直列下去。

● 平方数 81 的所有因数之和等于另一个平方数 121。我们可以将其表示为 $1 + 3 + 9 + 27 + 81 = 121$。

● 139 和 149 是最小的相差 10 的素数对。

● 我们知道 $30 - 33 = -3$。怎样移动一个数字才能使答案变成 +3?

---

① 毕达哥拉斯定理(Pythagorean theorem),即我们所说的勾股定理。——译注

很简单：$30 - 3^3 = 30 - 27 = +3$。很有趣吧！

● 48 这个数有一个非常特殊的令人惊叹的性质。如果把 1 和 48 相加，就得到平方数 49。如果把 48 的一半，也就是 24，加上 1，也得到一个平方数 25。人们可能提出的问题是：是否还有其他数具有这种特殊性质？为了提供乐趣，而不是让大家灰心丧气，我们给出具有这一不寻常性质的接下去三个更大的数。这些数是：1680，57 120 和 1 940 448。我们可以通过以下方式看出这一点：

□ $1680 + 1 = 1681 = 41^2$，$1680 \div 2 = 840$，而 $840 + 1 = 841 = 29^2$；

□ $57\,120 + 1 = 57\,121 = 239^2$，$57\,120 \div 2 = 28\,560$，而 $28\,560 + 1 = 28\,561 = 169^2$；

□ $1\,940\,448 + 1 = 1\,940\,449 = 1393^2$，$1\,940\,448 \div 2 = 970\,224$，而 $970\,224 + 1 = 970\,225 = 985^2$。

● 小于 10 亿的最大素数是 999 999 937。

● 85 这个数可以用两种不同的方式表示为两个平方数之和，即 $85 = 6^2 + 7^2 = 9^2 + 2^2$。

● 48^4 的值等于 48 的所有真因数的乘积。考虑 48 的各个真因数的乘积，我们就可以看出这一点，即 $1 \times 2 \times 3 \times 4 \times 6 \times 8 \times 12 \times 16 \times 24 = 5\,308\,416 = 48^4$。

● 当你把 39 这个数的各位数字的乘积加上这些数字的和，结果还是 39。你能找到其他一些这样的数吗？（答案是肯定的，所有个位数字是 9 的两位数都是这样。）

● 6534 这个数是其逆序数的 1.5 倍。用符号来表示，即 $6534 = \dfrac{3}{2} \times 4356$。

● 这里有一个逗趣的数字关系。让你的观众找到三个数字来代替 a, b, c，使得 $a^b \times c^a = abca$。这道谜题唯一可能的答案是 $2^5 \times 9^2 = 2592$。

● 3435 是一个不寻常的数，因为它可以表示为它的每一位数字的以其自身为指数的幂之和。用符号来表示，就是 $3435 = 3^3 + 4^4 + 3^3 + 5^5$。另一个具有相同属性的数是 438 579 088。你的观众可能希望验证这一属性。

● 175 这个数可以表示为其各位数字的递增幂之和，即 $175 = 1^1 + 7^2 + 5^3$。其他具有这一性质的有：$135 = 1^1 + 3^2 + 5^3$，$518 = 5^1 + 1^2 + 8^3$ 和 $598 = 5^1 + 9^2 + 8^3$。

● 1634 这个数可以表示为其各位数字的 4 次方之和。用符号来表示，这可以看成 $1634 = 1^4 + 6^4 + 3^4 + 4^4$。此外只有两个四位数可以这样表示，它们是 9474 和 8208。

● 当 497 这个数加倍时，就得到 497 加 2 的逆序数。用符号来表示，即 $497 \times 2 = 994$，而 $497 + 2 = 499$，它们互为逆序数。

● 我们都知道每一个非闰年都有 365 天，而 365 这个数也有一个非常奇怪的属性：$365 = 10^2 + 11^2 + 12^2 = 13^2 + 14^2$。

● 一个很好的趣味挑战是找到满足以下条件的三位素数：其三位数字的所有其他排列也都是素数。有 3 个这样的数：113,199 和 337。例如，假设我们取其中的第一个，并按照所有的可能重新排列这些数字：113,131,311。这 3 个数中的每一个也都是素数。

● 看看下面两个等式，欣赏一下这里的对称性！

$$1 + 5 + 6 = 2 + 3 + 7$$
$$1^2 + 5^2 + 6^2 = 2^2 + 3^2 + 7^2$$

你还能找到其他这样的对称等式吗？

● 31 这个数有一个奇异的特性，用符号表示最容易看出来：$31 = 1 + 5 + 5^2 = 1 + 2 + 2^2 + 2^3 + 2^4$。

● 注意 132 这个数给出的各位数字 1,2,3，让观众用这些数字构造出不同的两位数，而它们的总和仍等于 132，这可能会很有趣。我们可以将其表示如下：$12 + 13 + 21 + 23 + 31 + 32 = 132$。

● 有些时候，一个看起来相当不寻常的现象，也可以由于它的奇怪结果（当然，这个结果可以很容易从代数上证明）而带来相当多的乐趣。下面这个本质上是相当简单的算术结果。如果你选择任何一个数，然后加上后续的两个数，再除以 3，就会得到中间的那个数。例如，假设我们选择 7 这个数，然后加上后续的两个数：$7 + 8 + 9 = 24$，再除以 3，结果就会得到中间那个数：$24 \div 3 = 8$。到这一刻，观众可能会认为，你已经计算了这

3 个数的平均值,但因为它是以这种相当出乎意料的方式呈现的,所以被很好地伪装了起来。

让我们更进一步,这次从 7,8,9 这三个数开始,然后加上后面的两个相继数。当我们把这些数相加:$7+8+9+10+11=45$,然后除以刚才相加的这些数的个数,我们再次得到了中间那个数:$45÷5=9$。

为了确认这个现象,我们在没有实际进行代数证明的情况下(这留给有雄心的读者去做),再取接下去两个数,并加到前面的序列中:$7+8+9+10+11+12+13=70$,当除以 7 时,得到的是中间那个数 10。

只要你愿意,这个过程可以一直继续下去。每次都从任意奇数个数开始,每次都对前面求得的和再加上两个相继数,再除以相加的数的个数,就会得到这个数列的中间那个数。到这时,聪明的观众会意识到,将接下去的两个数加到这个数列中,会得到中间数 11,并且也能通过这一有趣的计算来实现。现在,观众可能已经被你呈现的这个小小的有趣方式迷住了。你可以告诉他们,到这一刻,他们所做的仅仅是求出了奇数个连续数的平均值,而这个平均值就是中间那个数。这个平均值在任何时候都可以通过求和并除以被加数的个数来求出。观众们应该会为这个启示感到欣喜。

- 有一些各位相同的三位数对,它们的乘积中出现的各位数字都相同,只是以不同顺序排列。这些三位数对是:

  □ $333×777=258\ 741$

  □ $333×444=147\ 852$

  □ $666×777=517\ 842$

- 666 这个数有一些有趣的性质。它是前 7 个素数的平方和,即 $666=2^2+3^2+5^2+7^2+11^2+13^2+17^2$。它也是前 36 个正整数的总和:$1+2+3+\cdots+34+35+36=666$。附带提一下,当它写成罗马数字形式时,使用了 M(1000)之前的所有罗马数字符号,并降序排列:666 = DCLXVI。

  666 的各位数字之和($6+6+6=18$)等于其素因数的各位数字之和。它的素因数可由 $666=2×3×3×37$ 得出,这些素因数的各位数之和为:$2+3+3+3+7=6+6+6=18$。

现在,如果你真的想迷惑你的观众,请告诉他们 π 到第 144 位的值是

π≈3.141592653589793238462643383279502884197169399375105820974944592307816406286208998628034825342117067982148086513282306647093844609550582231725359…

这 144 位数字的总和是 666。

● 你也可以通过搜寻奇异的数字排列来获得乐趣。例如,这里有 5 组数,每 3 个数一组,其中每一组与其他各组的乘积相同,与其他各组的总和也相同。

	构成一组的 3 个数			总和	乘积
第 1 组	6	480	495	981	1 425 600
第 2 组	11	160	810	981	1 425 600
第 3 组	12	144	825	981	1 425 600
第 4 组	20	81	880	981	1 425 600
第 5 组	33	48	900	981	1 425 600

● 算术的另一个通常会令观众惊叹的有趣方面,是以不同方式排列的数却能得出类似的结果。请欣赏以下几条:

□ $12^2 = 144, 21^2 = 441$。这是一个奇特的现象,不能加以推广。

□ $13^2 = 169, 31^2 = 961$。同样,这也不能加以推广。

□ $\sqrt{5\frac{5}{24}} = 5\sqrt{\frac{5}{24}}$。这可以证明如下:

$$\sqrt{5\frac{5}{24}} = \sqrt{\frac{125}{24}} = \sqrt{\frac{25 \times 5}{24}} = 5\sqrt{\frac{5}{24}}$$

□ $\sqrt[3]{2\frac{2}{7}} = 2\sqrt[3]{\frac{2}{7}}$。这也可以证明如下:

$$\sqrt[3]{2\frac{2}{7}} = \sqrt[3]{\frac{16}{7}} = \sqrt[3]{\frac{8 \times 2}{7}} = 2\sqrt[3]{\frac{2}{7}}$$

□ 还有许多其他这样的看起来很别扭的排列,几乎是在拿算术开玩笑。

9 和 11 这两个数

9 和 11 这两个数在以 10 为基数的体系中具有一些非常特殊的性质，因为它们位于基数的两边。例如，$11^3 = 1331$ 是一个回文数。而 9 这个数也产生了一个非常不寻常的模式，因为 $9^3 = 729 = 1^3 + 6^3 + 8^3 = 3^6$。

不过，9 和 11 这两个数有时以另一种方式联系在一起。例如 $\frac{1}{9} =$ 0. 111 111 111 111 111…，而 $\frac{1}{11} = 0.090\ 909\ 090\ 909\ 090\ 9…$。我们知道 9 和 11 的乘积是 99，这也提供了一个非常不寻常的单分数：$\frac{1}{99} =$ 0. 010 101 010 101 010 1…。关于 99 这个数，这里有另一个可能带来乐趣的奇异现象：$99^2 = 9801$，如果将这个数拆分再相加，就得到 $98 + 01 = 99$。

进一步讨论 9 这个数，请考虑 $999 = 27 \times 37$。现在，取这两个数的倒数，就演化出了另一种很好的模式和关系：

$$\frac{1}{27} = 0.037\ 037\ 037\ 037…$$

$$\frac{1}{37} = 0.027\ 027\ 027\ 027…$$

当我们把两个模式做比较时，可以发现这两个来自 999 的因数之间有着一种迷人的关系。

不要忽视 9 的搭档 11，它也提供了一些奇异的模式，比如

$$11 = 6^2 - 5^2$$

$$1111 = 56^2 - 45^2$$

$$111\ 111 = 556^2 - 445^2$$

$$11\ 111\ 111 = 5556^2 - 4445^2$$

在本章的后面，我们还将遇到关于仅由 1 构成的数的其他一些有趣的关系和模式。也许，我们应该进一步讨论这两个以 10 为基数的重要数字：11 和 9。这段短暂的旅程应该很吸引人。

乘以 11

向人们展示做算术题的聪明捷径,总会很容易给他们带来乐趣。这类事情通常会在学生间热情地传递,以给对方留下深刻印象。如果你知道可以使用的各种技巧,那么将某些数相乘会很容易。在本书的引言中介绍了这样一个例子,即将一个两位数乘以 11。然而,正如我们在前文中提到的,这一技巧可以扩展到将更大的数乘以 11。现在我们会考虑其中的一些。首先,让我们来回顾一下如何将一个两位数乘以 11。你只需要将两位数字之和放在它们之间,就得到了乘积。例如,如果我们想将 53 乘以 11,我们只需将 5 + 3 = 8 这个和放在 5 和 3 之间,就可以得到 583 这个数,而这就是正确的乘积。虽然需要多费点力气,但是用同一种方法也可以计算较大的数乘以 11。我们以 12 345 为例加以说明。在这里,我们从右边的那一位数字开始,将从右到左的每一对数字相加:1[1 + 2][2 + 3][3 + 4][4 + 5]5 = 135 795。

现在结合我们所获得的乘以 11 的这种技巧,将其应用于一个中间形式更复杂的数,这个数中相邻两位数字之和超过 9。请记住,如果两位数字之和大于 9,那么使用前文描述过的流程,即在适当位置放置这两位数之和的个位数,并将十位数进到前一位。为了更好地说明如何将这种技巧用于更大的数,我们在这里做一个更复杂的计算。让我们考虑将 56 789 乘以 11。这可能有点乏味,作为一般技巧使用可能不太现实。我们在这里展示它,仅仅是为了演示这种乘法技巧的扩展,以便观众在头脑中更全面地理解一个数与 11 的乘积。请跟着我们一步一步地做。

5[5 + 6][6 + 7][7 + 8][8 + 9]9	将两端之间的每一对数字相加
5[5 + 6][6 + 7][7 + 8][17]9	做加法 8 + 9 = 17
5[5 + 6][6 + 7][7 + 8 + 1][7]9	(从 17)进位 1 到前一位的求和
5[5 + 6][6 + 7][16][7]9	做加法 7 + 8 + 1 = 16
5[5 + 6][6 + 7 + 1][6][7]9	(从 16)进位 1 到前一位的求和
5[5 + 6][14][6][7]9	做加法 6 + 7 + 1 = 14
5[5 + 6 + 1][4][6][7]9	(从 14)进位 1 到前一位的求和
5[12][4][6][7]9	做加法 5 + 6 + 1 = 12
[5 + 1][2][4][6][7]9	做加法 5 + 1 = 6,得到答案:624 679

需要记住的是,对于我们所呈现的任何提供乐趣的事情,展示时一定要带有感情色彩,好的表现方式能产生相当有感染力的状态。不要把这看成一个教学环节,而要看成一个趣味环节,应该以轻松的方式进行,只有当观众提出要求时才将它扩展到多位数。记住,乐趣是这一展示中的关键因素。

除以 11

当我们给出了一种如何将一个数乘以 11 的聪明方法,而且为观众带来了乐趣后,也许可以问问他们是否愿意了解一种聪明的方法来判断一个给定的数能否被 11 整除。将它作为之前那种令人惊讶的技巧的一个直接延续,然后以一种轻松的方式提供给大家,这样的展示方式会令人愉快。你可以提到,数字 11 之所以会提供这些乐趣,是因为它比我们的数制的基数 10 大 1。显然,只有在最奇特的情况下,才有需要去判断一个数是否能被 11 整除。如果你手头有计算器,那么这个问题是很容易解决的。但情况并非总是如此。好在,有这样一条聪明的"法则"可以测试一个数是否能被 11 整除,它能够以一种相当有趣的方式呈现出来,仅仅出于它的魅力就值得我们去了解。

这个技巧非常简单:

> 如果一个数的各位交替数字之和的差能被 11 整除,那么这
> 个数也能被 11 整除。

这听起来比实际情况更复杂。让我们来一步一步地讲解这一过程。各位交替数字之和表示从这个数的一端开始,取第 1、3、5 等奇数位数字,并将它们相加。然后取其余(偶数位)的数字之和。将这两个和相减,并检验所得的差是否能被 11 整除。如果得到的差能被 11 整除,那么原数也可以被 11 整除。反之亦然。也就是说,如果这两个和相减得到的数不能被 11 整除,那么原数也不能被 11 整除。既然这是作为一种趣味数学来展示的,那么通过一个例子来演示这一技巧可能是一种明智的做法。

假设我们要测试 768 614 是否能被 11 整除。各位交替数字之和分别为 $7 + 8 + 1 = 16$ 和 $6 + 6 + 4 = 16$。这两个和的差 $16 - 16 = 0$ 能被 11 整除。$\left(请记住 \dfrac{0}{11} = 0。\right)$ 因此,我们可以得出 768 614 能被 11 整除的结论。

当然,让不同的观众充分理解这一技巧,对于它所能带来的乐趣是至关重要的。因此,可能需要让大家考虑另一个例子。为了判断 918 082 是否能被 11 整除,我们来求出各位交替数字的两个和:$9 + 8 + 8 = 25$ 和 $1 + 0 + 2 =$

3。它们的差 25 − 3 = 22 能被 11 整除,因此 918 082 能被 11 整除。观众们可能会想练习这一技巧,这样他们就可以与其他人分享这一乐趣。

有时候,趣味性会导致人们想知道究竟发生了什么,才能让这一切奏效。在这种情况下,观众可能会要求你为这个不寻常的过程提供理由。这可能不像最初的那个演示那样有趣,但你可以很好地满足好奇的观众。

为了从代数上证明这一过程,我们将用于测试的能否被 11 整除的数写成 $N = \overline{abcde}$,它的值可以如下表示(我们用 $11M$ 表示 11 的倍数):

$$N = 10^4 a + 10^3 b + 10^2 c + 10d + e$$
$$= (11-1)^4 a + (11-1)^3 b + (11-1)^2 c + (11-1)d + e$$
$$= \left[11M + (-1)^4\right]a + \left[11M + (-1)^3\right]b$$
$$+ \left[11M + (-1)^2\right]c + \left[11 + (-1)\right]d + e$$
$$= 11M + a - b + c - d + e$$

这意味着,由于这个 N 值的第一部分已经是 11 的倍数,因此 N 能否被 11 整除就取决于其余部分 $a - b + c - d + e = (a + c + e) - (b + d)$ 能否被 11 整除,而这实际上就是各位交替数字之和的差。请记住,刚才提出的理由应该只在观众提出要求时才讲解,否则可能会降低这一技巧的趣味性。

也许一个很好的进一步挑战是找到这样一个数:这个数是它各位数字之和的 11 倍。(回顾一下乘以 11 的技巧可能会有所帮助。)这可能需要一点努力,但聪明的观众应该会看出,我们想要的这个数是 198,因为 198 = 11 × (1 + 9 + 8)。又可以挖掘一些可以带来乐趣的宝藏!

9 这个数

在以 10 为基数的情况下,我们用比基数 10 大 1 的 11 这个数展示了一些有趣的内容。现在,我们也可以用 9 这个数来提供一些乐趣,它比基数 10 小 1。有些时候,在日常生活中的某些情况下,知道一个数是否能被 3 或 9 整除是很有用的,特别是如果可以在"你的头脑中"立即完成这一判断的话。比如在餐馆里,如果需要 3 个人均分一张账单,那么知道能否平均分摊就好了。为了给你的观众带来乐趣,明智的做法是考虑一种适合他们的情形,这样他们就会看到即将向他们展示的这种技巧既有趣又有用。例如,假设你在一家餐厅里,收到了一张 71.23 美元的账单,你想加一点小费,但希望最终结果可以三等分。如果有一些聪明的算术技巧可以让你立即靠心算做到这一点,那不是很好吗?好吧,数学来拯救你了。我们将为你提供一种简单的技巧,来判断一个数能否被 3 整除(作为额外的奖励,还要判断它能否被 9 整除)。

这种情况的有趣之处在于得出结果的简单性。该技巧如下:

如果一个数的各位数字之和能被 3(或 9)整除,那么原数就能被 3(或 9)整除。

与之前一样,也许用一个例子能更好地巩固对这一技巧的理解。考虑 296 357 这个数。让我们测试一下它是否能被 3(或 9)整除。它的各位数字之和是 $2+9+6+3+5+7=32$,不能被 3 或 9 整除。因此,原数既不能被 3 整除,也不能被 9 整除。另一方面,如果我们想判断 548 622 这个数能否被 3 或 9 整除,那么我们就再一次取各位数字之和,在本例中是 27,能被 3 和 9 整除,因此 548 622 能被 3 和 9 整除。

现在我们假设有 3 个人收到了一张 71.23 美元的餐厅账单,并希望给这张账单加上大约 20% 的小费。他们决定给账单加上 14 美元,于是总共就是 85.23 美元。他们想知道最后得到的这个数 85.23 能否三等分。按上述过程,让他们把各位数字加起来,得到 $8+5+2+3=18$,能被 3 整除,因此这 3 位顾客可以平均分摊账单。如果由各位数字求和得到的数仍然较大,不容易确定是不是 3 的倍数,那么就继续将得到的这个数的各位数字相加,直到你可以一眼认出得到的数是否为 3 的倍数。在本例中,注意到最终结果 18 也能被 9 整除,这意味着原数 85.23 也能被九等分。

同样地,观众可能想让你解释一下为什么这个窍门会奏效。为了让作为表演者的你有充分的准备,我们就讲解一下关于这条法则为什么会奏效的一个简短推理。考虑一个数 $N = \overline{abcde}$,它的值可以表示为(我们用 $9M$ 表示 9 的倍数):

$$
\begin{aligned}
N &= 10^4 a + 10^3 b + 10^2 c + 10d + e \\
&= (9+1)^4 a + (9+1)^3 b + (9+1)^2 c + (9+1)d + e \\
&= \left[9M + (1)^4\right]a + \left[9M + (1)^3\right]b + \left[9M + (1)^2\right]c \\
&\quad + \left[9 + (1)\right]d + e \\
&= 9M + a + b + c + d + e
\end{aligned}
$$

这意味着,N 这个数能否被 9 整除,取决于它的各位数字之和 $a + b + c + d + e$ 能否被 9 整除,因为此等式的第一部分已经是 9 的倍数了。

通常情况下,观众会觉得这个过程的简单性和实用性相当具有吸引力。因此,他们可能想尝试将其应用于一些具体的数。下面是两个你可能会希望使用的例子。745 785 这个数能被 3 或 9 整除吗?它的各位数字之和是 $7 + 4 + 5 + 7 + 8 + 5 = 36$,能被 9 整除(当然也能被 3 整除),因此 745 785 这个数能被 3 和 9 整除。

对于下面这个例子,我们也可以得出结果:72 879 这个数能被 3 或 9 整除吗?它的各位数字之和是 $7 + 2 + 8 + 7 + 9 = 33$,能被 3 整除,但不能被 9 整除。因此,72 879 这个数能被 3 整除,但不能被 9 整除。通常,这些有用的小窍门本身也很有趣。

找到缺失的数

有时候,用到0—9这所有10个数字会很有意思。让你的观众写出2个数,将所有10个数字每个恰好用一次。当他们这么做的时候,我们也在这里这样做。我们选择以下2个数:987 503 和 2146。请注意,我们使用了所有10个数字来构成这两个数。

记住,不要去看他们构造的2个数。现在让他们把这两个数相加,我们也会这样做,得到的和为 989 649。(你仍然不知道他们选择了哪两个数,也不知道它们的和等于多少。)现在请他们从得到的和中删除任何一位数字,就像我们在这里所做的那样,比如删除数字6。接下来,让观众求出剩余各位数字之和。我们此时得到的数字之和是 9 + 8 + 9 + 4 + 9 = 39。下面需要做的是找到大于 39 的下一个能被 9 整除的数。这个数是 45,比 39 大 6,因此被删除的那个数字就是 6。同理,当观众给出他们的最后一个各位数字之和后,你可以确定它离 9 的下一个倍数有多远,由此你就得到了他们删除的那个数字。

如果你不确信这总是会奏效,你可能会再次测试一下这个技巧。假设我们从之前的和中删除了数字8,那么我们将得到 9 + 9 + 6 + 4 + 9 = 37,这时需要加上一个 8 才能达到 9 的下一个倍数,也就是 45。于是我们得到被删除的数字 8。

这个技巧与上文关于 9 的倍数的讨论密切相关,其各位数字之和也是 9 的倍数。因为一开始使用的各位数字之和为 0 + 1 + 2 + 3 + 4 + 5 + 6 + 7 + 8 + 9 = 45,它是 9 的倍数,所以用所有 10 个数字所构造的任何 2 个数之和也会是 9 的倍数。这应该会让你对这一技巧有了更清晰的理解。

个位数为9的两位数的特殊性

以 10 为基数的数制有一个不寻常的特点,即所有个位数为 9 的两位数都等于其各位数字之和加上各位数字之积。这非常容易向观众解释,而且肯定会得到一个"好厉害"的回应。

以 29 这个数为例,看一下当我们把它的各位数字之和加上各位数字之积时会发生什么:

$$对于 29:(2+9)+(2\times9)=11+18=\mathbf{29}$$

为了表明这不仅对某一个数奏效,再看两个例子来证明这种特殊的关系:

$$对于 49:(4+9)+(4\times9)=13+36=\mathbf{49}$$

$$对于 79:(7+9)+(7\times9)=16+63=\mathbf{79}$$

志存高远的观众可能会想检查其他以 9 结尾的两位数是否也都遵循这种模式。这种关系具有如此简单的特点,因此人们喜欢将它传授给朋友们,以给大家留下深刻的印象[①]。

17

---

① 这一模式的代数证明如下:设十位上的数字为 x,则该两位数可表示为 $10x+9$,该表达式可写成 $10x+9=9x+x+9=(x+9)+9x$,前一项即各位数字之和,后一项即各位数字之积。——译注

9 这个数的更多乐趣

9 这个数为我们提供了许多乐趣，我们在本书的引言中已经遇到过其中之一。有些乐趣是从我们前面讨论过的整除技巧得出的。例如，你可能希望用观众提供的各个不同的数来生成 9 这个数，以此给他们留下深刻印象。首先挑选一位观众，让他/她任意选择一个数，并将其与他/她的年龄相加。然后，让他/她把自己电话号码的最后两位数字与这个结果相加。此时，观众可能会对你想做什么摸不着方向。接下来请此人将得到的数乘以 18，然后算出最后这个数的各位数字之和。接下去再次求出之前得到的这个和的各位数字之和，然后继续取每个结果的各位数字之和，直至得到一个一位数为止。告诉你的朋友们，最后得到的这个数字是 9，这会给他们留下深刻的印象。聪明的观众可能已经意识到为什么会发生这种情况，尤其是在他们已经接触过之前展示的 9 这个数的特征之后。

为了更好地理解这一技巧，让我们来试一下。比如最初选择的是 39 这个数，再加上年龄（设为 37），得到 76。然后加上电话号码的最后两位数（设为 31），得到 107。再把这个数乘以 18，得到 1926。它的各位数字之和为 1 + 9 + 2 + 6 = 18，而 18 的各位数字之和为 1 + 8 = 9。这个把戏奏效的原因是，当我们乘以 18 时，就确保了其结果是 9 的一个倍数，于是最终总是会得到一个各位数字之和为 9 的数。于是我们这里又有了另一个简单的趣味活动，它源于我们之前得到的关于 9 这个数的经验，这个活动一定会给你的观众留下深刻印象。

为了进一步开发 9 这个数的趣味性，我们提供一个在餐桌上就能做的趣味数学游戏，这用心算就很容易完成。具体如下：让观众在 1 到 10 的数中任选一个，并让他们保密。然后让他们把那个秘密数乘以 9。接着让他们把得到的数的各位数字加起来，再减去 5。在不泄露任何信息的情况下，让他们选择字母表中与他们获得的数对应的那个字母。换句话说，$A = 1, B = 2, C = 3$，等等。让他们选择欧洲的一个国家，这个国家的第一个字母与他们刚才确定的那个字母相同，然后让他们选择一种动物，它的名称要以他们所确定的欧洲国家的最后一个字母开头。此时你可以告诉他们，他们所确定的动物是袋鼠。他们一定会对你的天赋感到惊讶。

以下是你拥有隐藏"天赋"的原因。正如我们之前讨论过的，当他们把原来的数乘以 9 并将各位数字相加时，结果必定是 9。9 减去 5 得到 4，而字母表的第四个字母是 *D*。欧洲唯一以 *D* 开头的国家是丹麦（Denmark）。以丹麦这个词的最后一个字母 k 开头的最容易想到的动物是袋鼠（kangaroo）。于是，你用数学给你的观众带来了乐趣。在极少数情况下，观众中可能会有人想到鸮鹦鹉（kakapo）、考拉（kaola）、翠鸟（kingfisher）或其他奇异动物，但这种可能性极小。

9 这个数的更多特别之处

有时候,没有多少空间来提供乐趣,因此这时候只炫耀一个数的某些奇特现象会很逗趣。9 这个数很好地显示出这样的一些特别之处。以下是其中一些:

- 9 是等于 2 个相继数的立方和的唯一的平方数,即 $9 = 1^3 + 2^3$。

- 9 这个数可以表示为 3 个相继阶乘之和,即 $9 = 1! + 2! + 3!$。

- 9 这个数是数字 1 之后最小的卡普雷卡尔数(Kaprekar number)①,即 $9^2 = 81$,而 $8 + 1 = 9$。

- 只用三个 9 能构成多大的数? 仅使用个位数,我们能构成的最大数是 9^{9^9},这实际上等于 $9^{387\,420\,489}$,结果是一个长达 369 693 100 位的数。想象一下,一张纸必须有多大才能写得下这个数。事实上,著名的德国数学家高斯(Carl Friedrich Gauss)认为下面这个数是"不可度量的无穷大": $9^{9^{9^9}}$。

关于 9 这个数,还有一种算术检验方法,它不仅可以提供乐趣,而且当手边没有计算器时也很实用。我们经常通过沿不同方向相加来检验加法,希望能得到相同的结果。不过,在下一节中,我们将提供一种奇怪的方法来检验加法,称为"去 9 法"。

---

① 我们会在后面讨论卡普雷卡尔数。——原注

去 9 法

我们在很多方面要感谢比萨的莱昂纳多（Leonardo of Pisa）——他更广为人知的名字是斐波那契（Fibonacci）——因为我们今天在数学方面所拥有的、所做的很多事情都是源于他的才华。与大家分享一些经常能为公众带来乐趣的历史是一件很不错的事情。例如，我们今天使用的数字体系，即 1，2，3，4，5，6，7，8，9，0，是在斐波那契的《计算之书》（*Liber Abaci*）中首次被引入欧洲世界的。该书于 1202 年首次出版，它的第 1 章的第一句话是："9 个印度数字是 9，8，7，6，5，4，3，2，1。有了这 9 个数字，再加上阿拉伯人称之为 zephyr 的符号 0，就能写出任何数……"斐波那契年轻时有一段时间陪在父亲身旁，当时他的父亲是布吉亚（Bugia，阿尔及利亚东部的一个港口城市）为比萨商人设立的海关的一名公职人员。在那里，教斐波那契数学的人就是用的这些符号，于是他遇到了这些数字，并把它们写进了他的书中，这本书于 1228 年再版。不过人们认为，直到 50 年后，这些数字才在欧洲得到较普遍的使用。人们还认为，是斐波那契最早使用分数线来表示像 $\frac{1}{2}$ 这样的分数。

斐波那契在他的《计算之书》的第 3 章介绍了一个检验加法计算正确性的流程，他称之为"去 9 法"。正如你之前用一些关于常用数字用法的意想不到的信息启发了你的观众，你可以通过演示这个去 9 法流程来增添趣味性。我们需要做的就是求出每个加数的各位数字之和，然后求这些和的和，并将其与最后计算出的和的各位数字之和进行比较。如果它们是相同的，那么答案就可能是正确的。

我们可以通过以下加法计算来说明这一点：

$$13\ 579 \xrightarrow{\text{各位数字之和}} 25 \xrightarrow{\text{各位数字之和}} 7$$

$$+86\ 327 \xrightarrow{\text{各位数字之和}} 26 \xrightarrow{\text{各位数字之和}} 8$$

加数的各位数字之和的和：$7+8=15 \xrightarrow{\text{各位数字之和}} 6$

计算出的和：$99\ 906 \xrightarrow{\text{各位数字之和}} 33 \xrightarrow{\text{各位数字之和}} 6$

由于两个加数的各位数字之和的和最终是 6,而计算出的和的各位数字之和最终也是 6,两者一致,所以加法计算可能是正确的。

　　应该提一下,让斐波那契如今更加出名的原因是出现在《计算之书》第 12 章中的那些斐波那契数,这些数提供了大量趣味数学活动,我们将在后文中讨论。

将选定的数乘以 9 的倍数

当用 9 及 9 的倍数去乘以一个由 9 个数字按降序组成的数时,会给出一种出乎意料的模式。你可能需要计算器才能让这件事情顺利进行下去。在这种美丽的模式出现之前,需要做相当多的乘法。

将 987 654 321 乘以 9 的倍数

$$987\ 654\ 321 \times 9 = 8\ 888\ 888\ 889$$

$$987\ 654\ 321 \times 18 = 17\ 777\ 777\ 778$$

$$987\ 654\ 321 \times 27 = 26\ 666\ 666\ 667$$

$$987\ 654\ 321 \times 36 = 35\ 555\ 555\ 556$$

$$987\ 654\ 321 \times 45 = 44\ 444\ 444\ 445$$

$$987\ 654\ 321 \times 54 = 53\ 333\ 333\ 334$$

$$987\ 654\ 321 \times 63 = 62\ 222\ 222\ 223$$

$$987\ 654\ 321 \times 72 = 71\ 111\ 111\ 112$$

$$987\ 654\ 321 \times 81 = 80\ 000\ 000\ 001$$

$$987\ 654\ 321 \times 90 = 88\ 888\ 888\ 890$$

$$987\ 654\ 321 \times 99 = 97\ 777\ 777\ 779$$

$$987\ 654\ 321 \times 108 = 106\ 666\ 666\ 668$$

$$987\ 654\ 321 \times 117 = 115\ 555\ 555\ 557$$

$$987\ 654\ 321 \times 126 = 124\ 444\ 444\ 446$$

$$987\ 654\ 321 \times 135 = 133\ 333\ 333\ 335$$

$$987\ 654\ 321 \times 144 = 142\ 222\ 222\ 224$$

$$987\ 654\ 321 \times 153 = 151\ 111\ 111\ 113$$

$$987\ 654\ 321 \times 162 = 160\ 000\ 000\ 002$$

$$987\ 654\ 321 \times 171 = 168\ 888\ 888\ 891$$

$$987\ 654\ 321 \times 180 = 177\ 777\ 777\ 780$$

$$987\ 654\ 321 \times 189 = 186\ 666\ 666\ 669$$

$$987\ 654\ 321 \times 198 = 195\ 555\ 555\ 558$$

$$987\ 654\ 321 \times 207 = 204\ 444\ 444\ 447$$

$$987\ 654\ 321 \times 216 = 213\ 333\ 333\ 336$$
$$987\ 654\ 321 \times 225 = 222\ 222\ 222\ 225$$
$$987\ 654\ 321 \times 234 = 231\ 111\ 111\ 114$$
$$987\ 654\ 321 \times 243 = 240\ 000\ 000\ 003$$
$$987\ 654\ 321 \times 252 = 248\ 888\ 888\ 892$$
$$987\ 654\ 321 \times 261 = 257\ 777\ 777\ 781$$
$$987\ 654\ 321 \times 270 = 266\ 666\ 666\ 670$$
$$987\ 654\ 321 \times 279 = 275\ 555\ 555\ 559$$
$$987\ 654\ 321 \times 288 = 284\ 444\ 444\ 448$$
$$987\ 654\ 321 \times 297 = 293\ 333\ 333\ 337$$
$$987\ 654\ 321 \times 306 = 302\ 222\ 222\ 226$$

有雄心的读者可能希望继续做下去,以观察这种模式令人印象深刻地增长。像这样完全出乎意料的模式很好地开发了数学隐藏的美。

不过,我们还可以更进一步,把去掉8的8个相继数字按顺序排列组成一个数,再乘以9及9的倍数,你会发现另一个令人惊讶的数字模式是如何出现的,如下所示。

12 345 679	×	9	=	111 111 111
12 345 679	×	18	=	222 222 222
12 345 679	×	27	=	333 333 333
12 345 679	×	36	=	444 444 444
12 345 679	×	45	=	555 555 555
12 345 679	×	54	=	666 666 666
12 345 679	×	63	=	777 777 777
12 345 679	×	72	=	888 888 888
12 345 679	×	81	=	999 999 999

与 9 有关的更多奇异的倍数

有了计算器,做大数乘法已变成小事一桩。不过,有些数具有一些不寻常的性质,而且在做完乘法之后仍然会保持这些性质,特别是当它们与 9 这个数相乘时,正如我们在前面的示例中看到的那样。可能具有挑战性的是找到一些满足以下条件的数:一个由 8 个不同数字组成的数,将该数乘以 9 时,结果得到由 9 个不同数字组成的数。

这对你的观众来说是一个有趣的挑战。不过,我们在此给出多个这样的例子:

$$58\ 132\ 764 \times 9 = 523\ 194\ 876$$
$$76\ 125\ 483 \times 9 = 685\ 129\ 347$$
$$72\ 645\ 831 \times 9 = 653\ 812\ 479$$
$$81\ 274\ 365 \times 9 = 731\ 469\ 285$$

特别值得注意的是,数字 9 没有出现在每个被乘以 9 的数中,但却出现在每个最终的乘积之中。如果我们将这些数乘以 18,就能得到由 10 个不同数字组成的数(包括 0)。以下就是这些乘积,其中每一个都由 10 个不同的数字组成:

$$58\ 132\ 764 \times 18 = 1\ 046\ 389\ 752$$
$$76\ 125\ 483 \times 18 = 1\ 370\ 258\ 694$$
$$72\ 645\ 831 \times 18 = 1\ 307\ 624\ 958$$
$$81\ 274\ 365 \times 18 = 1\ 462\ 938\ 570$$

尽管这看起来很简洁,但对于你的观众来说,找到其他这样的 8 位数仍然是一个挑战。这些 8 位数需要满足的条件是:当它们乘以 9 时,得到的是由 9 个不同数字构成的乘积;当它们乘以 18 时,得到的是由 10 个不同数字构成的乘积。一个有趣的练习如果呈现得当,就可以给人带来乐趣。

9 带来的更多乐趣

有时你可以用数学中的一些不寻常的模式来逗乐观众。从下列算式可以看出,9 很适合这样的情形。

$$
\begin{array}{rcrcr}
9 & \times & 9 & = & 81 \\
99 & \times & 99 & = & 9\,801 \\
999 & \times & 999 & = & 998\,001 \\
9\,999 & \times & 9\,999 & = & 99\,980\,001 \\
99\,999 & \times & 99\,999 & = & 9\,999\,800\,001 \\
999\,999 & \times & 999\,999 & = & 999\,998\,000\,001 \\
9\,999\,999 & \times & 9\,999\,999 & = & 99\,999\,980\,000\,001
\end{array}
$$

通过下列算式,你可以演示当一系列具有某种模式的数乘以 9 并加上一系列相继数时,如何产生了一个相当出乎意料的 8 的模式。

$$
\begin{array}{rcrcrcr}
0 & \times & 9 & + & 8 & = & 8 \\
9 & \times & 9 & + & 7 & = & 88 \\
98 & \times & 9 & + & 6 & = & 888 \\
987 & \times & 9 & + & 5 & = & 8\,888 \\
9\,876 & \times & 9 & + & 4 & = & 88\,888 \\
98\,765 & \times & 9 & + & 3 & = & 888\,888 \\
987\,654 & \times & 9 & + & 2 & = & 8\,888\,888 \\
9\,876\,543 & \times & 9 & + & 1 & = & 88\,888\,888 \\
98\,765\,432 & \times & 9 & + & 0 & = & 888\,888\,888
\end{array}
$$

下面我们取 9 的因数 3 及其倍数,再乘以 37 037,于是再次得到了一些令人惊讶的结果,这显然会给观众留下深刻印象。

$$
\begin{array}{rcl}
37\,037 \times 3 & = & 111\,111 \\
37\,037 \times 6 & = & 222\,222 \\
37\,037 \times 9 & = & 333\,333 \\
37\,037 \times 12 & = & 444\,444 \\
37\,037 \times 15 & = & 555\,555 \\
37\,037 \times 18 & = & 666\,666
\end{array}
$$

...

逗乐百万人的趣味数学问题

数学奇趣

一个由一些 9 生成的数

当我们将 999 999 除以 7 时,就得到了另一个会产生一些对称结果的数,即 142 857。这一次,我们把 142 857 这个数依次乘以 1,3,2,6,4,5,于是得到以下乘积:

$$
\begin{aligned}
142\,857 \times 1 &= 142\,857 \\
142\,857 \times 3 &= 428\,571 \\
142\,857 \times 2 &= 285\,714 \\
142\,857 \times 6 &= 857\,142 \\
142\,857 \times 4 &= 571\,428 \\
142\,857 \times 5 &= 714\,285
\end{aligned}
$$

仔细检查这些乘积你会发现,每个乘积从第一位到最后一位数字都是由 1,4,2,8,5,7 组成,从右上角到左下角的对角线全部由 7 组成,并且在这组乘积中嵌入了前面所展示的一些类似模式。这样不寻常的数字模式总是会受到观众的欢迎。

平方数模式

我们从一个非常出乎意料的模式开始,它似乎令人惊奇地揭示了一些平方数。这不仅会给观众留下深刻的印象,也会为进一步思考提供素材。首先,让他们分组写出自然数序列,如下所示:

1
2,3
4,5,6
7,8,9,10
11,12,13,14,15
16,17,18,19,20,21
22,23,24,25,26,27,28

然后,让他们每隔一组就删掉一组,就像我们在下面所做的那样,于是就剩下:

1
~~2,3~~
4,5,6
~~7,8,9,10~~
11,12,13,14,15
~~16,17,18,19,20,21~~
22,23,24,25,26,27,28

- 如果我们取剩下的前两组之和,就得到

$$(1) + (4 + 5 + 6) = 16 = 4^2,$$ 也可以写成 2^4。

- 如果我们取剩下的前三组之和,就得到

$$(1) + (4 + 5 + 6) + (11 + 12 + 13 + 14 + 15) = 81 = 9^2,$$ 也可以写成 3^4。

- 如果我们取剩下的前四组之和,就得到

$$(1) + (4 + 5 + 6) + (11 + 12 + 13 + 14 + 15) + (22 + 23 + 24 + 25 + 26 + 27 + 28) = 256 = 16^2,$$ 也可以写成 4^4。

观众们应该注意到,我们得到的三个结果之间的关系形成了一种模式。有雄心的参与者会想知道这种模式是否会继续下去,而你可以向他们保证确实如此。这展示了数学的另一个隐藏之美。

斐波那契数

斐波那契数也许是永不枯竭的趣味数学源泉，1963年创刊的《斐波那契季刊》(*Fibonacci Quarterly*)印证了这一点，这本杂志至今发表了大量与这些数有关的文章。还有用整本书讲述这些著名的数的，例如《神奇的斐波那契数列》(*The Fabulous Fibonacci Numbers*)。斐波那契数1,1,2,3,5,8,13,21,34,55,89,144,…最初出自比萨的莱昂纳多(又名斐波那契)的《计算之书》第12章，里面有一个关于兔子繁殖的问题，此书于1202年首次出版。

人们在自然界中确实观察到在一些现象中出现了斐波那契数，例如菠萝上的三条螺旋，或者松果上的螺旋，它们都暗含了斐波那契数列①。斐波那契数列在把千米换算成英里和把英里换算成千米的过程中很有用，只要在该数列中向上或向下取一个数字就可以了。例如，当行驶了34英里时，该数列中的下一个数就会对经过的千米数给出一个很好的估计，即55千米。这个估算也可以反过来，如果一个人前进了34千米，那就相当于大约21英里。

斐波那契数之间也可以发现无穷无尽的关联。比如我们取斐波那契数的平方数，即1,4,9,25,64,169,441,…。现在，让我们将相邻的两个平方数相加，1+4,4+9,9+25,25+64,64+169,169+441，就得到5,13,34,89,233,610,…，而这就是从第5项开始的奇数位的斐波那契数。这已经足够令人惊讶了。而你还可以进一步吸引观众，告诉他们将得到的那个数列中相邻的两个数相减，又可得到：8,21,55,144,377,…，而这就是从第6项开始的偶数位的斐波那契数。

立方数在寻找斐波那契数之间的关系方面也颇有帮助。如果我们把斐波那契数的一般形式写成 F_n，就可以按照以下方式用立方数生成斐波那契数：$F_n^3 + F_{n+1}^3 - F_{n-1}^3 = F_{3n}$。我们可以将其应用于随机选择的斐波那

---

① 参见《数学奇观：让数学之美带给你灵感与启发》，涂泓译，冯承天译校，上海科技教育出版社，2022年。——译注

契数列，比如说 F_5，F_6，F_7，得到：$F_6^3 + F_7^3 - F_5^3 = F_{18}$，即 $512 + 2197 - 125 = 2584$。在我们已经展示的这些带幂次的关系中，以及其他更高幂次的斐波那契数中，还藏有更多的魔法。我们鼓励读者去寻找进一步的乐趣。

这些都只是小花絮，可以激起观众更深入探究斐波那契数的兴趣。从这些数中能得到的乐趣很可能是无限的，从非常简单的算术关系到一些几何关系，比如在由黄金分割比产生的黄金矩形中看到的那种关系。黄金矩形也可以通过相继的斐波那契数之比来确定。数列中越大的斐波那契数之比越接近黄金分割比。关于斐波那契数能够提供的乐趣，我们甚至还没有触及皮毛呢，所以继续去探索吧！

平方和等于更多的平方之和

有时我们会想要对观众提出挑战。接下来是一个听起来很简单的挑战,但仍然需要思考一番。让观众任取 3 个数的平方和并乘以 3。现在请他们找到 4 个具有同一平方和的数。

例如,$3(2^2+3^2+4^2)=87=9^2+2^2+1^2+1^2$。或者再举一个例子:$3(2^2+3^2+3^2)=66=5^2+4^2+4^2+3^2$。这个挑战有时可能相当令人灰心,但解决它也会令人很愉快。对于行家而言,他们可能希望看到这道趣题的合理解释,这样他们就不会觉得我们给他们挖了一个大坑。在此我们提供一个简单的代数上的说明:

$$3(a^2+b^2+c^2)=(a+b+c)^2+(b^2-2bc+c^2)+(c^2-2ca+a^2)$$
$$+(a^2-2ab+b^2)$$
$$=(a+b+c)^2+(b-c)^2+(c-a)^2+(a-b)^2$$

使用这一关系可以得出更多可能的解答。

适合的幂

有一个很好的挑战能为观众带来乐趣及提升:让他们提供 2 个幂,它们都不是 10 的幂,而它们的乘积正好等于 10 亿。观众乍一看会觉得不知所措,不过他们应该很快意识到,10 亿可以表示为 10^9。我们知道 $10^9 = (2 \times 5)^9 = 2^9 \times 5^9 = 512 \times 1\ 953\ 125$,于是你就得到了这两个数!用类似的方式可以将此扩展到 10 的其他幂次,从而能让观众再为其他人带去乐趣。例如:$10^{18} = 2^{18} \times 5^{18} = 262\ 144 \times 3\ 814\ 697\ 265\ 625$。

幂之和

对于那些看过电影《知无涯者》(*The Man Who Knew Infinity*)[①]的人来说,他们会想起最后一幕:著名印度数学家拉马努金(Srinivasa Ramanujan,1887—1920)在病床上立即说出 1729 是可以用两种不同方式表示为两个立方数之和的最小的数。也就是说,$1729 = 12^3 + 1^3 = 10^3 + 9^3$。顺便说一下,1729 这个数还可以被其各位数字之和整除。也就是说,$\dfrac{1729}{1+7+2+9} = \dfrac{1729}{19} = 91$。由此我们还有另一个奇异的发现:$1729 = 19 \times 91$。

此外,6578 是可以用两种不同的方式表示为 3 个四次方数之和的最小的数。也就是说,$6578 = 1^4 + 2^4 + 9^4 = 3^4 + 7^4 + 8^4$。作为后续,观众们还可以搜索能用两种不同方式表示为平方数之和的那些两位数。一个这样的数是 $65 = 8^2 + 1^2 = 7^2 + 4^2$。顺便说一下,65 这个数也可以表示为两个立方数之和:$65 = 4^3 + 1^3$。到现在为止,你们应该能够明白如何不断地在数字中寻找这样的关系。仅仅寻找这样的数字模式就已经非常有趣了,一旦获得成功还会很有成就感。

我们正停留在平方和上,可以找到一个真正奇异的排布,如下所示。如果把两个不同的平方和乘以另外两个不同的平方和,其结果会得到两个不同形式的平方和。我们可以用符号将这一点表示成以下形式:

$$(a^2 + b^2) \cdot (c^2 + d^2) = (ac + bd)^2 + (ad - bc)^2$$
$$或 (a^2 + b^2) \cdot (c^2 + d^2) = (ac - bd)^2 + (ad + bc)^2$$

让我们看看对于 $a = 2, b = 5, c = 3, d = 6$,这是如何奏效的。在这种情况下有:

$$(2^2 + 5^2) \times (3^2 + 6^2) = 29 \times 45 = 1305$$

然后可以建立以下关系:

---

① 该片取材于罗伯特·卡尼格尔(Robert Kanigel)撰写的同名传记,此书中译本由上海科技教育出版社出版,胡乐士、齐民友译,2008 年。——译注

$(2^2 + 5^2) \times (3^2 + 6^2) = (2 \times 3 + 5 \times 6)^2 + (2 \times 6 - 3 \times 5)^2 = 36^2 + (-3)^2 = 1296 + 9 = 1305$

或者

$(2^2 + 5^2) \times (3^2 + 6^2) = (2 \times 3 - 5 \times 6)^2 + (2 \times 6 + 3 \times 5)^2 = (-24)^2 + 27^2 = 576 + 729 = 1305$

先不要向观众展示这个获得两种平方和的技巧,让他们尝试一下,看看他们是否能得到另一组两个平方数之和。在他们灰心丧气之前,你再向他们展示如何使用上面所表明的代数关系来实现这一点。

奇数的一个惊人模式

奇数可以用一种特别方式排列起来并生成立方数。对于那些未料想到这一点的观众来说,这令人既惊讶又着迷。不同的展示方式会影响欣赏它的效果。因此,留待读者自己去想出一种巧妙方法来呈现这些结果。

$$1 = \qquad\qquad 1 = 1^3$$
$$3 + 5 = \qquad\qquad 8 = 2^3$$
$$7 + 9 + 11 = \qquad\qquad 27 = 3^3$$
$$13 + 15 + 17 + 19 = \qquad\qquad 64 = 4^3$$
$$21 + 23 + 25 + 27 + 29 = \qquad\qquad 125 = 5^3$$
$$31 + 33 + 35 + 37 + 39 + 41 = \qquad 216 = 6^3$$

你可以考考观众第 10 行的和是多少。他们应该能够确定第 10 行的和等于 $10^3 = 1000$。观众对此的一个典型反应是惊讶,如此简单的一个关系竟然能生成立方数。

更多逗趣的数字模式

不难发现,我们可以把一个数表示为另三个数之和。不过,对于 118 这个数,除了将它表示为三个数之和外,还可以有四种令人惊奇的特殊排列,其中每一组的三个数的乘积都是相同的,即 37 800。请看:

$$15 + 40 + 63 = 118,而\ 15 \times 40 \times 63 = 37\ 800$$
$$14 + 50 + 54 = 118,而\ 14 \times 50 \times 54 = 37\ 800$$
$$21 + 25 + 72 = 118,而\ 21 \times 25 \times 72 = 37\ 800$$
$$18 + 30 + 70 = 118,而\ 18 \times 30 \times 70 = 37\ 800$$

更令人惊讶的是,118 是可以做到这一点的最小的数。你可能想对你的朋友们提出挑战,让他们想出其他一些具有如此排列的数。

下面是另一个很好的数字关系,你可以用它为人们带来乐趣。请观察其中的对称性:

$$13^3 - 3^7 = 2197 - 2187 = 13 - 3$$
$$5^3 - 2^7 = 125 - 128 = -(5 - 2)$$

让大家欣赏其中的对称性,这种模式可以用一对幂来实现。请不要让观众去寻找另一对这样的数,因为至今还没有发现其他具有这一性质的数!

有许多逗趣的数字关系能够为观众带去乐趣。我们在这里介绍其中的一些。请注意,每种情况中的指数都是相继的:

$$43 = 4^2 + 3^3$$
$$63 = 6^2 + 3^3$$
$$135 = 1^1 + 3^2 + 5^3$$
$$175 = 1^1 + 7^2 + 5^3$$
$$518 = 5^1 + 1^2 + 8^3$$
$$598 = 5^1 + 9^2 + 8^3$$
$$1306 = 1^1 + 3^2 + 0^3 + 6^4$$
$$1676 = 1^1 + 6^2 + 7^3 + 6^4$$
$$2427 = 2^1 + 4^2 + 2^3 + 7^4$$

下面是一个指数和底数相同的例子：

$$3435 = 3^3 + 4^4 + 3^3 + 5^5$$

你可以让观众找找是否还有其他这样的关系，甚至是一些像 $244 = 1^3 + 3^3 + 6^3$ 和 $136 = 2^3 + 4^3 + 4^3$ 这样的关系。请注意这里的特殊关系！

如果你希望使用同一个指数，那么可以使用下面这些数：

$$153 = 1^3 + 5^3 + 3^3$$
$$370 = 3^3 + 7^3 + 0^3$$
$$371 = 3^3 + 7^3 + 1^3$$
$$407 = 4^3 + 0^3 + 7^3$$

我们还可以进一步考虑四位数，例如：

$$1634 = 1^4 + 6^4 + 3^4 + 4^4$$
$$8208 = 8^4 + 2^4 + 0^4 + 8^4$$
$$9474 = 9^4 + 4^4 + 7^4 + 4^4$$

请不要让你的观众去寻找其他这样的四位数，因为迄今为止还没有找到其他具有这一属性的数！

对于五位数，我们有：

$$54\,748 = 5^5 + 4^5 + 7^5 + 4^5 + 8^5$$

我们总是可以把这个模式推广到一个非常大的数，比如：

$$4\,679\,307\,774 = 4^{10} + 6^{10} + 7^{10} + 9^{10} + 3^{10} + 0^{10} + 7^{10} + 7^{10} + 7^{10} + 4^{10}$$

利用阶乘，我们也可以建立类似的排列。据信这样的例子只有四个，如下所示：

$$1 = 1!$$
$$2 = 2!$$
$$145 = 1! + 4! + 5!$$
$$40\,585 = 4! + 0! + 5! + 8! + 5!$$

拆分数字

我们甚至可以不用单个数字,而用拆分数字的方式,最终仍然得到一些惊人的结果,例如以下这些:

$$1233 = 12^2 + 33^2$$
$$8833 = 88^2 + 33^2$$
$$5\,882\,353 = 588^2 + 2353^2$$
$$94\,122\,353 = 9412^2 + 2353^2$$
$$1\,765\,038\,125 = 17\,650^2 + 38\,125^2$$
$$2\,584\,043\,776 = 25\,840^2 + 43\,776^2$$

这样的例子还有很多,不过我们也可以专注于一种"逆序"的情况。此时我们将取两个拆分数字的平方差,而不是平方和。例如:对于48,我们先将它拆分为数字4和8,再将其逆序得到8和4。然后将它们的平方相减,得到:$48 = 8^2 - 4^2$。这里还有几个这样的例子:

3468 拆分为 34 和 68,于是$68^2 - 34^2 = 3468$

16 128 拆分为 16 和 128,于是$128^2 - 16^2 = 16\,128$

34 188 拆分为 34 和 188,于是$188^2 - 34^2 = 34\,188$

216 513 拆分为 216 和 513,于是$513^2 - 216^2 = 216\,513$

416 768 拆分为 416 和 768,于是$768^2 - 416^2 = 416\,768$

2 661 653 拆分为 266 和 1653,于是$1653^2 - 266^2 = 2\,661\,653$

59 809 776 拆分为 5980 和 9776,于是$9776^2 - 5980^2 = 59\,809\,776$

还有很多这样的例子,观众们可能会忍不住要去寻找一番。祝他们好运!

我们还可以更进一步,努力用最不寻常的关系让大家惊叹。考虑将一个数的各部分表示为一些立方和,如我们在这里展示的几个例子:

$$41\,833 = 4^3 + 18^3 + 33^3$$
$$221\,859 = 22^3 + 18^3 + 59^3$$
$$444\,664 = 44^3 + 46^3 + 64^3$$
$$487\,215 = 48^3 + 72^3 + 15^3$$

$$336\ 701 = 33^3 + 67^3 + 01^3$$
$$982\ 827 = 98^3 + 28^3 + 27^3$$
$$983\ 221 = 98^3 + 32^3 + 21^3$$
$$166\ 500\ 333 = 166^3 + 500^3 + 333^3$$

同样，这并不是一份详尽无遗的清单，还有更多这样的数可以实现这种不寻常的拆分排列。

我们总是可以在数字之间找到一些令人愉悦的关系。发挥一些创造性，我们还可以在数字之间建立另一种形式的"友谊"，其中有些真的令人难以置信！以 6205 和 3869 这对数字为例。

乍一看，它们似乎没有明显的关系。但只要有一些运气和想象力，我们就可以得到一些奇妙的结果：
$$6205 = 38^2 + 69^2, 3869 = 62^2 + 05^2$$

我们还可以找到另一对具有类似关系的数字：
$$5965 = 77^2 + 06^2, 7706 = 59^2 + 65^2$$

想象一下，当你揭示这种神奇关系时，你的观众会有什么感受。

不寻常的数字属性

有时,数字关系会产生一些令人难以置信的结果。这里提供一种这样的情况。如果你将任何一个数乘以一个各位数字全都相同的数,就有可能用那个积创建出另一个各位数字全都相同的数。方法如下:如果你用一个两位数乘以一个各位数字全都相同的数,比如说一个由相同数字构成的五位数,那么请拆分求出的这个积,在其右边取五位数字(因为我们用的是一个由相同数字构成的五位数),并与剩下的数相加,结果将得到一个各位数字都相同的数。例如,假设我们将 86 这个数乘以五位数 44 444,得到 3 822 184。然后我们从这个数的右边取五位数字,在本例中是 22 184,将它与剩下的数相加,即 38 + 22 184 = 22 222。

为了进一步使你信服,让我们来考虑另一种情况。假设这次我们做乘法 1018 × 888 888 = 904 887 984。由于我们是乘以一个六位数,因此砍下积的最右边六位数,即 887 984,再与剩下的 904 相加,结果得到: 887 984 + 904 = 888 888。

还可以更进一步,取各位数字相同的同一个数的平方,例如可以取一个四位数,比如 $2222^2 = 4\,937\,284$。然后把最后四位数字与剩下的数相加,得到:7284 + 493 = 7777。

当我们使用的数是 7777 时,有一个特殊的情况:$7777^2 = 60\,481\,729$。现在像之前一样拆分这个数,我们得到 6048 + 1729 = 7777,这就是开始的那个数。也会有一些例外,比如 5555^2。对于这个数,我们有 5555 × 5555 = 30 858 025。当我们从积的右边取四位数字,将这个数拆开并做加法时,我们得到:8025 + 3085 = 11 110。使用计算器并尝试这些特殊乘法的不同组合可能会相当令人着迷,尤其是当实验者注意到一种模式正在逐步形成时。

友好数

有一种数的关系,称为"友好的"。什么关系能使两个数友好?数学家们决定,如果一个数的真因数①之和等于第二个数,并且第二个数的真因数之和也等于第一个数,那么就称这两个数是友好的(friendly)[或者有时在更专业的文献中被称为亲和的(amicable)]。听起来很复杂?其实不是。让我们看看最小的一对友好数:220 和 284。

220 的真因数是 1,2,4,5,10,11,20,22,44,55,110。它们的和是 1 + 2 + 4 + 5 + 10 + 11 + 20 + 22 + 44 + 55 + 110 = **284**。

284 的真因数是 1,2,4,71,142,它们的和是 1 + 2 + 4 + 71 + 142 = **220**。

这表明,这两个数可以被认为是友好数。

第二对友好数是法国著名数学家费马(Pierre Fermat,1601—1665)发现的,它们是 17 296 和 18 416。

为了建立它们之间的友好关系,我们需要找出它们所有的素因数,即:$17\ 296 = 2^4 \times 23 \times 47$ 和 $18\ 416 = 2^4 \times 1151$。

然后我们用这些素因数按以下方式构造出所有的真因数:17 296 的各真因数之和是

$$1 + 2 + 4 + 8 + 16 + 23 + 46 + 47 + 92 + 94 + 184 + 188 +$$
$$368 + 376 + 752 + 1081 + 2162 + 4324 + 8648 = \underline{18\ 416}$$

18 416 的各真因数之和是

$$1 + 2 + 4 + 8 + 16 + 1151 + 2302 + 4604 + 9208 = \underline{17\ 296}$$

我们再次注意到,17 296 的各真因数之和等于 18 416,而且 18 416 的各真因数之和等于 17 296。这使它们有资格被认为是一对友好数。

这样的数对还有很多,对初学者,这里再列出几对友好数:

1184 和 1210

2620 和 2924

---

① 真因数是一个数除了其本身以外的所有因数。例如,6 的真因数是 1,2,3,但不包括 6。——原注

$$5020 \text{ 和 } 5564$$

$$6232 \text{ 和 } 6368$$

$$10\,744 \text{ 和 } 10\,856$$

$$9\,363\,584 \text{ 和 } 9\,437\,056$$

$$111\,448\,537\,712 \text{ 和 } 118\,853\,793\,424$$

有雄心的观众可能想去验证以上各对数是否"友好"！

对于行家来说，以下是一种寻找友好数对的方法。

设 $a = 3 \times 2^n - 1, b = 3 \times 2^{n-1} - 1, c = 3^2 \times 2^{2n-1} - 1$，其中 n 是一个大于或等于 2 的整数，且 a, b, c 都是素数。由此可得 $2^n ab$ 和 $2^n c$ 是友好数。我们应该注意，当 n 小于或等于 200 时，只有在 $n = 2, 4, 7$ 的情况下，a, b, c 才都是素数。

另一种友好的数对形式可以从以下例子中看出：

$$3869 = 62^2 + 05^2 \text{ 和 } 6205 = 38^2 + 69^2$$

$$5965 = 77^2 + 06^2 \text{ 和 } 7706 = 59^2 + 65^2$$

还有其他数对表现出这样的友好特性吗？

我们甚至可以用立方数来建立一个类似的循环。

从 55 开始：$5^3 + 5^3 = 250$；然后是 250：$2^3 + 5^3 + 0^3 = 133$；然后是 133：$1^3 + 3^3 + 3^3 = 55$。而这就是开始的那个数。这种循环也可以由其他数列完成，例如：

$$136, 244, 136$$

$$919, 1459, 919$$

$$160, 217, 352, 160$$

平方数的魔力

我们来看看平方数的某种"魔力"。首先,让我们稍稍绕个道,去欣赏另一种奇趣。有时一些非常简单的特性也可能很有趣。举个例子,只有 2 和 11 这两个数,它们各自的平方加上 4 会得到一个立方数。

$$2^2 = 4,\text{加上 4},\text{得到 } 4 + 4 = 8 = 2^3$$
$$11^2 = 121,\text{加上 4},\text{得到 } 121 + 4 = 125 = 5^3$$

现在让我们来观察正整数平方的一个列表,看看在其中是否能识别出什么模式。模式似乎总是会使观众得到充实或启迪。

1^2	2^2	3^2	4^2	5^2	6^2	7^2	8^2	9^2	10^2	11^2	12^2
1	**4**	**9**	16	25	36	49	64	81	100	121	144

13^2	14^2	15^2	16^2	17^2	18^2	19^2	20^2	21^2
169	196	225	256	289	324	361	400	441

在列出的这些平方数中,有一件事我们可能很快就会注意到,上面用粗体及下划线标明的个位数遵循特定的模式,即 1, 4, 9, 6, 5, 6, 9, 4, 1, 0, 1, 4, 9, 6, 5, 6, 9, 4, 1, 0, 1, …。这种模式将无限延续下去。聪明人只要看到这一点,就可以推测出某些数字永远不会出现在个位上,因为它们在这个重复列表中是缺失的。也就是说,数字 2, 3, 7, 8 永远不会是一个平方数的个位数。此外,由 0 分隔开的那些数是一个回文排列,很容易在这个数列中发现它们:1, 4, 9, 6, 5, 6, 9, 4, 1。

平方数可以提供的趣味数学问题很可能是无限的。例如,我们可以清楚地看到数字 13 和 31 是彼此的逆序数,它们的平方数分别是 169 和 961,也是彼此的逆序数。此外,如果我们计算 169 和 961 这两个数的乘积,就会得到 $169 \times 961 = 162\,409 = 403^2$,它也是一个平方数。更进一步,169 的各位数字之和是 $1 + 6 + 9 = 16 = 4^2$,169 的平方根 13 的各位数字之和是 $1 + 3 = 4$。除了这一对数之外,下面的另一对数也具有相同的令人惊叹的优美关系。

这两个数是 12 和 21。如果我们遵循与 13 和 31 这两个数相同的模式，就会得到 $12^2 = 144$ 和 $21^2 = 441$。这两个数的乘积是 $144 \times 441 = 63\,504 = 252^2$。此外还有 $1 + 4 + 4 = 9 = 3^2$ 和 $1 + 2 = 3$。这些都与 13 和 31 这两个数类似。

当我们欣赏平方数的时候，还会发现一些数，它们被称为自守数（automorphic number），它们的平方数以相同的数字结尾，例如：

$$5^2 = 2\mathbf{5}$$

$$6^2 = 3\mathbf{6}$$

$$76^2 = 5\mathbf{76}$$

$$376^2 = 141\,\mathbf{376}$$

$$625^2 = 390\,\mathbf{625}$$

$$90\,625^2 = 8\,212\,8\mathbf{90\,625}$$

$$890\,625^2 = 793\,212\,\mathbf{890\,625}$$

$$1\,787\,109\,376^2 = 3\,193\,759\,921\,\mathbf{787\,109\,376}$$

$$8\,212\,890\,625^2 = 67\,451\,572\,41\mathbf{8\,212\,890\,625}$$

在观察了这种模式之后产生的问题是，我们怎样才能创造出其他这样的自守数？

假设我们取上面倒数第二个自守数，切掉它左边的几位数字，考虑 **921 787 109 376** 这个数。当我们对它取平方时，得到的数是 849 691 475 011 761 **787 109 376**。你会注意到最后 10 位数字是一样的。这对于上述任意一个自守数都能实现，比如我们从前面计算的那些数中也能看到 $90\,625^2 = 8\,212\,\mathbf{890\,625}$ 和 $890\,625^2 = 793\,212\,\mathbf{890\,625}$。

到这一刻，观众们可能想尝试在其中某些数的前面加上几位随机数字，而保持后端各位数字如上所示，结果发现在每种情况下都会创建出自守数。请记住，只有两组特定的数字后缀可用于创建自守数。例如，三位数中只有 625 和 376 这两个数可以用来构成自守数，就像 $1\,234\,\mathbf{625}^2 = 1\,524\,298\,890\,\mathbf{625}$。

我们应该注意到，90 625 这个数是唯一的五位数自守数。在上面可以看到这个五位数自守数的一些应用。以下是 10^{15} 以内的自守数：

1 ,5 ,6 ,25 ,76 ,376 ,625 ,9376 ,90 625 ,109 376 ,890 625 ,2 890 625 ,

7 109 376 ,12 890 625 ,87 109 376 ,212 890 625 ,787 109 376 ,

1 787 109 376 ,8 212 890 625 ,18 212 890 625 ,81 787 109 376 ,

918 212 890 625 ,9 918 212 890 625 ,40 081 787 109 376 ,

59 918 212 890 625 ,259 918 212 890 625 ,740 081 787 109 376

到这一刻,对于构造出平方后的最后几位与原数相同的数,观众们已经有了很多实验和尝试。未来还会发现更多的乐趣!

更多的平方数模式

下面是另一个从平方数演变而来的有趣关系，这不需要作进一步的解释。

$$10^1 + 11^2 + 12^2 = 13^2 + 14^2$$

$$21^2 + 22^2 + 23^2 + 24^2 = 25^2 + 26^2 + 27^2$$

$$36^2 + 37^2 + 38^2 + 39^2 + 40^2 = 41^2 + 42^2 + 43^2 + 44^2$$

$$55^2 + 56^2 + 57^2 + 58^2 + 59^2 + 60^2 = 61^2 + 62^2 + 63^2 + 64^2 + 65^2$$

随着这种模式的继续，你的观众应该对此感到非常惊讶——请注意，右边比左边少一项。现在可能会出现的问题是，我们如何找到每一行的第一个数？我们可以使用公式 $n(2n+1)$，其中 n 是等式右侧的项数。因此，要找到下一个这样的等式，我们取 $n=6$，于是第一个数将是 $6(12+1) = 6 \times 13 = 78$，如下所示：

$$78^2 + 79^2 + 80^2 + 81^2 + 82^2 + 83^2 + 84^2$$
$$= 85^2 + 86^2 + 87^2 + 88^2 + 89^2 + 90^2$$

有雄心的观众可能会希望对此作进一步的拓展。在任何情况下，这个模式都能带来相当多的乐趣，因为它确实有点令人难以置信！

一种更简单的模式

在一个更简单的级别上,上一节的模式也可以用一次方的数来完成,如下所示:

$$1 + 2 = 3$$
$$4 + 5 + 6 = 7 + 8$$
$$9 + 10 + 11 + 12 = 13 + 14 + 15$$
$$16 + 17 + 18 + 19 + 20 = 21 + 22 + 23 + 24$$

这种模式会继续下去,有洞察力的观众会注意到为什么会这样。

顺便说一下,对 3334 这个数取三次方也会提供一些趣味性,因为 $3334^3 = 37\ 059\ 263\ 704$,如果我们把这个数分拆成三部分并求和,就会惊奇地得到:$370 + 5926 + 3704 = 10\ 000$。很有趣吧!

一个出乎意料的模式

数学中的模式往往会在最意想不到的时候突然出现。我们提供下面这个例子，说明对一系列看来平淡无奇的数取平方后，如何产生了一个完全出乎意料的模式。

$$4^2 = 16$$
$$34^2 = 1156$$
$$334^2 = 111\ 556$$
$$3\ 334^2 = 11\ 115\ 556$$
$$33\ 334^2 = 1\ 111\ 155\ 556$$
$$333\ 334^2 = 111\ 111\ 555\ 556$$

虽然聪明的读者可以将这种模式继续下去，但是寻求类似的其他模式会是一个令人愉快的挑战。

48 这个数的特别之处

我们发现,48 的四次方是一个等于 48 的所有真因数乘积的数。这一点可以用计算器来验证。48 这个数的真因数是 1,2,3,4,6,8,12,16, 24。我们得到:$1 \times 2 \times 3 \times 4 \times 6 \times 8 \times 12 \times 16 \times 24 = 5\ 308\ 416 = 48^4$。

如果一个数的所有因数之和等于一个完全平方数,那也是一种有趣的数字属性。你可以向观众展示其中的一些,并让他们去找到其他的,也可以只是让他们去验证这对于以下各数是否成立:3,22,66,70,81 等。我们以 66 这个数为例。它的所有因数之和为:$1 + 2 + 3 + 6 + 11 + 22 + 33 + 66 = 144 = 12^2$。另一个例子是 22 这个数,它的所有因数之和为:$1 + 2 + 11 + 22 = 36 = 6^2$。

素数

素数是只有两个不同因数(即 1 和该数本身)的数。因为各因数必须是不同的,所以 1 这个数不被认为是素数,它只有一个因数,即 1 这个数本身。素数对我们的数字体系提供了一些令人着迷的方面,因此可以很好地以一种简单的方式给人们带来乐趣。以下是 1000 以内的素数:

2	3	5	7	11	13	17	19	23	29	31	37	41	43	47
53	59	61	67	71	73	79	83	89	97	101	103	107		
109	113	127	131	137	139	149	151	157	163	167				
173	179	181	191	193	197	199	211	223	227	229				
233	239	241	251	257	263	269	271	277	281	283				
293	307	311	313	317	331	337	347	349	353	359				
367	373	379	383	389	397	401	409	419	421	431				
433	439	443	449	457	461	463	467	479	487	491				
499	503	509	521	523	541	547	557	563	569	571				
577	587	593	599	601	607	613	617	619	631	641				
643	647	653	659	661	673	677	683	691	701	709				
719	727	733	739	743	751	757	761	769	773	787				
797	809	811	821	823	827	829	839	853	857	859				
863	877	881	883	887	907	911	919	929	937	941				
947	953	967	971	977	983	991	997							

有一些看起来很不寻常的素数,比如 909 090 909 090 909 090 909 090 909 091,它由 14 个 90 组成,最后以 91 结尾。

你可以在素数中寻找到乐趣。例如,113 是一个素数,因为它的因数只有 113 和 1。不过,这是一个特殊的素数,因为它的各位数字的其他排列(即 131 和 311)也都是素数,而 113 是满足这一条件的最小素数。其他还有 337 和 199 也是这样的素数。

如何判定一个素数

有时,你的观众会惊叹于一种本应在高中时就教会他们的聪明技巧,这种技巧就是如何判定一个数是否为素数。在建立一种判定素数的技巧之前,我们需要回顾一下,$n! = 1 \times 2 \times 3 \times 4 \times 5 \times 6 \times \cdots \times n$。判定素数的法则是,如果 $n! + 1$ 能被 $n + 1$ 整除,那么 $n + 1$ 就是一个素数。假设我们想测试一下,看看 11 是不是一个素数。于是,我们写下 $11 = n + 1$,其中 $n = 10$。我们现在求出 $10! = 3\ 628\ 800$。于是 $3\ 628\ 800 + 1 = 3\ 628\ 801 = 11 \times 329\ 891$。由此我们可以断定:11 是一个素数。

一个奇怪的巧合

你能想象前 6 个素数可能分别是 6 个相继数的因数吗？嗯，有这样的一个例子，它可能是一个相当有趣的奇异现象。788，789，790，791，792，793 这些相继数可分别被 2，3，5，7，11，13 整除。你看到了吧！

10 周期中的素数

作为本节的开始,我们将 10 周期定义为诸如 1—10,11—20,21—30 或 31—40 等 10 个相继数构成的一个序列。大多数情况下,在这些 10 周期中能找到的素数通常是 2 或 3 个,例如在 10 周期 41—50 中有 3 个素数,它们是 41,43 和 47。而在 10 周期 21—30 中,只有 2 个素数,即 23 和 29。在第一个 10 周期中有 4 个素数,分别是 2,3,5 和 7。在接下去一个 10 周期中也有 4 个素数,分别是 11,13,17 和 19。在往后的任何 10 周期中,有 4 个素数的情况都是相当罕见的。我们要经过很长的距离才会到达下一个有 4 个素数的 10 周期,即 10 周期 101—110,其中的素数是 101,103,107 和 109。然后要经过更长的距离才会到达下一个能找到 4 个素数的 10 周期,即 10 周期 821—830,其中包含素数 821,823,827 和 829。观众们可能会有兴趣知道接下去一个包含 4 个素数的 10 周期会在何处发生。我们展示了接下来的 5 个这样的 10 周期。

10 周期	该 10 周期中的素数
1481—1490	1481,1483,1487,1489
1871—1880	1871,1873,1877,1879
2081—2090	2081,2083,2087,2089
3251—3260	3251,3253,3257,3259
3461—3470	3461,3463,3467,3469

值得注意的是,再也没有其他包含 4 个素数的 10 周期了。于是就可能出现这样的问题:是什么导致了一个这样的周期内的素数数量限制?让我们花点时间来检查一下在每个区间中有哪些可能的候选者。首先,偶数有 5 个,但其中只有 2 可以被认为是一个素数。于是还剩下其余 5 个素数候选者。其中,除第一个周期以外,必须去除 5 的倍数。这就使得剩下 4 个数的个位数字分别为 1,3,7 和 9。不过,有时这些数中的一些可以被 3 或 7 整除,例如 21,93,27,49 这些数,从而将它们排除在素数范畴之外。感兴趣的读者可能想进一步搜索其他包含 4 个素数的 10 周期。

孪生素数

素数的性质还可以由它们在素数列表中的位置来显现。当两个素数相差 2 时，它们就被认为是孪生素数（twin primes）。有人猜想孪生素数有无穷多对，但这从未得到证实或推翻。前几对孪生素数是：$(3,5)$，$(5,7)$，$(11,13)$，$(17,19)$，$(29,31)$，$(41,43)$，$(59,61)$，$(71,73)$，$(101,103)$，$(107,109)$，$(137,139)$，…，我们注意到 5 是唯一在孪生素数列表中出现两次的数。观众可能很想知道迄今为止发现的最大孪生素数对是哪两个数。截至 2018 年 9 月，已知的最大孪生素数对为（$2\,996\,863\,034\,895 \times 2^{1\,290\,000} - 1$，$2\,996\,863\,034\,895 \times 2^{1\,290\,000} + 1$）。在比 10^{18} 小的数中，有 $808\,675\,888\,577\,436$ 对孪生素数。

如果你已经调动起了观众们的积极性，有人就可能会问，有没有一个表示孪生素数对的通用公式。答案是，除了第一对孪生素数，即 $(3,5)$ 以外，其他的都具有 $(6n-1,6n+1)$ 这一形式，其中 n 是一个不等于零的自然数。聪明的观察者还会注意到，除了 $(3,5)$ 以外的每对孪生素数与下一对孪生素数的相应数之间的差值都是 6 的倍数，这很容易用前几对孪生素数来证实。

一些素数分母带来的意外

请记住,素数除了自身和 1 之外没有别的因数。我们现在考虑将素数(不包括 2 和 5)作为分数的分母,这些分数的十进制展开会产生偶数个循环数字。这将使我们能够展示一些相当令人难以置信的关系,肯定会给观众留下深刻的印象。让我们考虑几个有偶数个重复数字的分数(数字上方的横线表示它们的循环节):

$$\frac{1}{7} = 0.\,142\ 857\ 142\ 857\ 142\ 857\cdots = 0.\,\overline{142\ 857}$$

$$\frac{1}{11} = 0.\,090\ 909\cdots = 0.\,\overline{09}$$

$$\frac{1}{13} = 0.\,076\ 923\ 076\ 923\cdots = 0.\,\overline{076\ 923}$$

$$\frac{1}{17} = 0.\,\overline{058\ 823\ 529\ 411\ 764\ 7}$$

$$\frac{1}{19} = 0.\,\overline{052\ 631\ 578\ 947\ 368\ 421}$$

$$\frac{1}{23} = 0.\,\overline{043\ 478\ 260\ 869\ 565\ 217\ 391\ 3}$$

我们现在将展示一个意想不到的把戏。把这些循环节视为一个数,并将这个有偶数位的数分成两个等长的部分。当我们把这两个数加起来,就会得到一个非常令人惊讶的、仅由 9 组成的数。这种意想不到的关系应该会让你的观众感到由衷的惊叹①。

---

① 要证明这种关系成立,请参阅 Ross Honsberger, *Ingenuity in Mathematics*, New York：Random House, 1970, pp. 147 – 156。——原注

$\dfrac{1}{7} = 0.\overline{142\ 857}$	$\begin{array}{r} 142 \\ 857 \\ \hline 999 \end{array}$
$\dfrac{1}{11} = 0.\overline{09}$	$\begin{array}{r} 0 \\ 9 \\ \hline 9 \end{array}$
$\dfrac{1}{13} = 0.\overline{076\ 923}$	$\begin{array}{r} 076 \\ 923 \\ \hline 999 \end{array}$
$\dfrac{1}{17} = 0.\overline{058\ 823\ 529\ 411\ 764\ 7}$	$\begin{array}{r} 05\ 882\ 352 \\ 94\ 117\ 647 \\ \hline 99\ 999\ 999 \end{array}$
$\dfrac{1}{19} = 0.\overline{052\ 631\ 578\ 947\ 368\ 421}$	$\begin{array}{r} 052\ 631\ 578 \\ 947\ 368\ 421 \\ \hline 999\ 999\ 999 \end{array}$
$\dfrac{1}{23} = 0.\overline{043\ 478\ 260\ 869\ 565\ 217\ 391\ 3}$	$\begin{array}{r} 04\ 347\ 826\ 086 \\ 95\ 652\ 173\ 913 \\ \hline 99\ 999\ 999\ 999 \end{array}$

这一结果带来的惊叹可能会吸引观众去寻找更多的例子——这只是对隐藏在数学中的一个"奇迹"的进一步推广。不用说,这些相加的结果肯定会打动你的观众,这也预示了下一个主题——回文数,以上的每一个和都是回文数。

回文数

有些特定类别的数具有一些特别奇怪的特征,可以为观众带来真正的乐趣。在这里,我们考虑从左右两个方向读起来都相同的数。这些数被称为回文数(palindromic numbers)。回文也可以是从两个方向上读起来都相同的单词、短语或句子。图 1.2 显示了一些有趣的回文①。

A
EVE
RADAR
REVIVER
ROTATOR
MADAM I'M ADAM
STEP NOT ON PETS
DO GEESE SEE GOD
PULL UP IF I PULL UP
NO LEMONS, NO MELON
DENNIS AND EDNA SINNED
ABLE WAS I ERE I SAW ELBA
A MAN, A PLAN, A CANAL, PANAMA
A SANTA LIVED AS A DEVIL AT NASA
SUMS ARE NOT SET AS A TEST ON ERASMUS

图 1.2

---

① 这些回文的意思分别是:

A
夏娃
雷达
复活者
旋转器
夫人,我是亚当
不要踩踏宠物
鹅能看见上帝吗
如果我停车你就停车
没有柠檬,没有甜瓜
丹尼斯和埃德娜犯了罪
在我见到厄尔巴之前是能干的
一个人,一个计划,一条运河,巴拿马
一位圣诞老人在美国宇航局过着魔鬼般的生活
总和不是用来测试伊拉斯谟的

——译注

数学中的回文数是一个像 666 或 123 321 这样的数,它们从两个方向读起来都相同。例如,11 的前 5 次幂都是回文数:

$$11^0 = 1$$
$$11^1 = 11$$
$$11^2 = 121$$
$$11^3 = 1331$$
$$11^4 = 14\,641$$

再一次,借助计算器,我们会发现由 1 组成的数的平方数会得出一些不寻常的结果,这些数通常被称为重复单位数(reunit)。下面是观察到的一个意外惊奇,它们的结果都是回文数。

$$11^2 = 121$$
$$111^2 = 1331$$
$$1111^2 = 1\,234\,321$$
$$11\,111^2 = 123\,454\,321$$
$$111\,111^2 = 12\,345\,654\,321$$
$$1\,111\,111^2 = 1\,234\,567\,654\,321$$
$$11\,111\,111^2 = 123\,456\,787\,654\,321$$
$$111\,111\,111^2 = 12\,345\,678\,987\,654\,321$$

一个小小的例外应该会引起观众的兴趣,那就是除了这些重复单位数以外,平方后能得到一个回文数的、具有偶数位的最小数字是 798 644。$798\,644^2 = 637\,832\,238\,736$,而这是一个回文数。

现在来说说回文数的有趣特点。我们这里有一个流程可以让你从一个给定的数生成回文数。你需要做的只是不断地将给定的数与它的逆序数(即将该数的各位数字按逆序写出来的数)相加,直到你得到一个回文数为止。例如,以 23 为起始数,通过一次加法就可以得到一个回文数:$23 + 32 = 55$,55 是一个回文数。

有时你可能需要 2 步,比如从 75 这个数开始:两次相继求和的结果是 $75 + 57 = 132$ 和 $132 + 231 = 363$,这样就得到了一个回文数。

或者可能需要 3 步,比如从 86 这个数开始:$86 + 68 = 154, 154 + 451 = 605, 605 + 506 = 1111$。

以 97 为起始数,需要 6 步才能得到一个回文数;而以 98 为起始数,则需要 24 步才能得到一个回文数。一定要真诚地对待你的观众,并警告他们不要使用起始数 196,因为这个数还没有被证明能产生一个回文数——即使经过超过 300 万次逆序加法。我们至今仍然不知道从这个数开始是否会得到一个回文数。

在这个流程中会有一些奇特的结果。如果你尝试对 196 应用这个流程,那么你会在做第 16 次加法后得到 227 574 622。然而,令人惊讶的是,如果尝试以 788 为起始数来获得回文数,那么在第 15 步时,你也会得到同一个和。这会告诉你,将这个流程应用于数字 788,也从来没有被证明能得到一个回文数。事实上,在前 100 000 个正整数中,有 5996 个数我们还不知道应用逆序相加流程是否会得到一个回文数。这些数包括 196,691,788,887,1675,5761,6347,7436 等。

既然你已经引发了观众的兴趣,你可能想通过展示这个流程中的一些不寻常的方面,来把这一点提升到另一个层次。例如,使用这个逆序和加法的流程,我们发现一些数字会在相同的步骤中产生相同的回文数,例如 554,752 和 653,它们都在 3 步后产生回文数 11 011。一般而言,如果一个整数在中央的 5 两侧的各对应数字对具有相同的和,就会在经过相同的步数后产生相同的回文数。上述三个样本数 554,752,653 就具有这个特征,因为它们在中央的 5 两侧的一对数字具有相同的和,即 9。

还有其他一些整数也会产生相同的回文数,但经过的步骤数不同。例如 198 这个数,经过反复的逆序和相加,将在 5 步后得到回文数 79 497,而 7299 这个数只需一步就会得到相同的数字,即 $7299 + 9927 = 79 497$。

为了进一步令观众惊叹,你可以向他们展示如何确定使用此流程得到回文数所需的相加次数。这会让观众思考更多,也许启发性会超过趣味性。对于 $a \neq b$ 的两位数 ab,其两位数字之和 $a + b$ 的位数决定了产生一个回文数所需的步数。显然,如果两位数字之和小于 10,那么只需要一步就可以得到回文数,例如:$25 + 52 = 77$。如果两位数字之和为 10,那

么 $ab+ba=110$，而 $110+011=121$，因此得到回文数需要 2 步。如果两位数字之和为 $11,12,13,14,15,16,17$，那么得到回文数所需的步数分别为 $1,2,2,3,4,6,24$。

现在我们可以从另一个层面来欣赏回文数的一些不寻常的方面。在处理回文数时，我们可以得到一些有趣的模式。例如，一些回文数取平方后也产生一个回文数，如 $22^2=484$ 和 $212^2=44\,944$。另一方面，也有一些回文数取平方后不产生回文数，如 $545^2=297\,025$。当然，也有一些非回文数取平方后会产生一个回文数，如 $26^2=676$ 和 $836^2=698\,896$。这些只是回文数提供的一部分乐趣，你一定想寻找出其他这样的奇趣吧！

进一步讨论回文数

还有一些回文数,取三次方后仍然会得到回文数。

所有形式为 $n = 10^k + 1$ 的数都属于这个群体,其中 $k = 1, 2, 3, \cdots$。当对 n 取三次方时,它会产生一个回文数,在 $1, 3, 3, 1$ 的每一相继数对之间都有 $k - 1$ 个零,如下面这些例子所示:

$k = 1, n = 11$：　$11^3 = 1331$

$k = 2, n = 101$：　$101^3 = 1\,030\,301$

$k = 3, n = 1001$：　$1001^3 = 1\,003\,003\,001$

$k = 7, n = 10\,000\,001$：　$10\,000\,001^3 = 1\,000\,000\,300\,000\,030\,000\,001$

我们可以继续推广,得到一些有趣的模式,从而给观众带来进一步的乐趣。例如,当 n 中有三个 1,并将任意偶数个 0 对称地放置在两端的 1 之间时,对 n 取三次方就会产生一个回文数。例如:

$$111^3 = 1\,367\,631$$

$$10\,101^3 = 1\,030\,607\,060\,301$$

$$1\,001\,001^3 = 1\,003\,006\,007\,006\,003\,001$$

$$100\,010\,001^3 = 1\,000\,300\,060\,007\,000\,600\,030\,001$$

将此再推进一步,我们发现,如果 n 由 4 个 1 和若干个 0 组成,并构成回文排列,其中各个 1 之间 0 的数量不完全相同,那么 n^3 也会是一个回文数,如下面的例子所示:

$$11\,011^3 = 1\,334\,996\,994\,331$$

$$10\,100\,101^3 = 1\,030\,331\,909\,339\,091\,330\,301$$

$$10\,010\,001\,001^3 = 1\,003\,003\,301\,900\,930\,390\,091\,033\,003\,001$$

但是,如果 1 之间出现相同数量的 0,那么这个数的三次方就不会产生回文数,例如:$1\,010\,101^3 = 1\,030\,610\,121\,210\,060\,301$。事实上,在小于 $280\,000\,000\,000\,000$ 的数中,2201 这个数是唯一能在取三次方后产生一个回文数的非回文数:$2201^3 = 10\,662\,526\,601$。

仅仅是为了找到更多的乐趣,请考虑以下回文数模式:

$$12\,321 = \frac{333 \times 333}{1+2+3+2+1}$$

$$1\,234\,321 = \frac{4444 \times 4444}{1+2+3+4+3+2+1}$$

$$123\,454\,321 = \frac{55\,555 \times 55\,555}{1+2+3+4+5+4+3+2+1}$$

$$12\,345\,654\,321 = \frac{666\,666 \times 666\,666}{1+2+3+4+5+6+5+4+3+2+1}$$

有雄心的读者可能会去寻找涉及回文数的其他模式。

素数的整除性

前文中,我们讨论了素数,并且给出了十进制数系中两个重要的数(即 9 和 11)的特殊性质,它们位于基数 10 的两侧。我们对这两个数的部分讨论,说明了如何确定一个给定的数能否被这两个特殊的数中的某一个整除。不过,如果你能向观众展示如何能够通过观察一个给定的数,来判断它能否被某个素数整除,这一定会既有趣又令人印象深刻。我们在讨论整除性时已经考虑过前面几个素数了,因此接下来轮到素数 7。为了判断一个给定的数能否被 7 整除,我们将采用以下技巧,然后更进一步,看看如何用它来发现其他素数的整除规则。我们用来判断一个给定的数能否被 7 整除的方法如下:

从给定的数中删除最后一位数字,然后将剩下的数减去这个被删除数字的 2 倍。如果结果能被 7 整除,那么原数也能被 7 整除。这个过程可以不断重复,直到结果可以通过简单观察就能判断能否被 7 整除为止。

让我们尝试用一个例子来看看这条规则是如何运作的。假设我们要测试 680 715 这个数能否被 7 整除。从 680 715 开始,删除它的个位数字 5,并用剩下的数减去个位数字加倍后所得的 10:68 071 – 10 = 68 061。我们无法通过直接观察判断得到的这个数能否被 7 整除,因此用所得的数 68 061 继续这一流程,删除其个位数字 1,并用剩下的数减去个位数字加倍后所得的 2,得到:6806 – 2 = 6804。继续处理得到的数 6804,删除其个位数字 4,并用剩下的数减去个位数字加倍后所得的 8,我们得到:680 – 8 = 672。继续处理所得的数 672,删除其个位数字 2,然后用剩下的数减去个位数字加倍后所得的 4,得到:67 – 4 = 63,此时我们可以很容易看出它能被 7 整除。因此,原数 680 715 也能被 7 整除。

在我们继续讨论素数的整除性之前,明智的做法是先用几个随机选择的数来练习这项技巧,然后用计算器检查得出的结果是否正确。

为了证明这个判断能否被 7 整除的流程是正确的,请考虑各种可能的末位数字(即你正在"去掉"的数字),以及去掉末位数字所对应的实际减法。

末位数字	从原数中减去的数	末位数字	从原数中减去的数
1	$20 + 1 = 21 = 3 \times 7$	5	$100 + 5 = 105 = 15 \times 7$
2	$40 + 2 = 42 = 6 \times 7$	6	$120 + 6 = 126 = 18 \times 7$
3	$60 + 3 = 63 = 9 \times 7$	7	$140 + 7 = 147 = 21 \times 7$
4	$80 + 4 = 84 = 12 \times 7$	8	$160 + 8 = 168 = 24 \times 7$
		9	$180 + 9 = 189 = 27 \times 7$

你看到了，去掉末位数字并减去它的 2 倍，在每种情况下实际被减去的数都是 7 的倍数。也就是说，我们从原数中去掉了"成捆的 7"。因此，如果剩下的数能被 7 整除，那么原数也可以被 7 整除，因为你把原数分成了两部分，其中每一部分都能被 7 整除，于是整个数就必定能被 7 整除[①]。

利用刚刚建立的用于判断一个数能否被 7 整除的技巧，我们应该能够创建用于判断一个数能否被其他素数整除的技巧。下一个要考虑的素数是 13。判断一个数能否被 13 整除的方法如下：

> 判断一个数能否被 13 整除的方法与检验它能否被 7 整除的规则相似，只不过要将 7 替换为 13，而且每次减去的数不再是被删数字的 2 倍，而是它的 9 倍。

我们考虑一个例子，检查 9776 这个数能否被 13 整除。首先删除它的个位数字 6，然后用剩下的数减去 $9 \times 6 = 54$，得到 $977 - 54 = 923$。由于无法通过直接观察判断所得的数 923 能否被 13 整除，我们继续处理这个 923，删它的个位数字 3，并用剩下的数减去 $9 \times 3 = 27$，得到 $92 - 27 = 65$。65 能被 13 整除，因此原数 9776 也能被 13 整除。

现在，你可能想了解的是，这个技巧中的"乘数"9 是如何确定的。我们找到以 1 结尾的 13 的最小倍数，它是 91，其中十位数字是个位数字的

---

① 关于素数 7 的可除性法则，请参见译者撰写的附录 A。——译注

9 倍。下面再次考虑各种可能的末位数字和对应的实际减法[①]。

末位数字	从原数中减去的数	末位数字	从原数中减去的数
1	$90 + 1 = 91 = 7 \times 13$	5	$450 + 5 = 455 = 35 \times 13$
2	$180 + 2 = 182 = 14 \times 13$	6	$540 + 6 = 546 = 42 \times 13$
3	$270 + 3 = 273 = 21 \times 13$	7	$630 + 7 = 637 = 49 \times 13$
4	$360 + 4 = 364 = 28 \times 13$	8	$720 + 8 = 728 = 56 \times 13$
		9	$810 + 9 = 819 = 63 \times 13$

在每种情况下，都是从原数中一次或多次减去了 13 的倍数。因此，如果剩下的数能被 13 整除，那么原数也能被 13 整除。

如果前面的这些技巧得到恰当的展示，那么观众们的积极性应该被很好地激发了出来，并好奇地想看看他们自己能否确定一种技巧，用于测试一个给定数能否被 17 整除。我们将这种技巧提供如下：

> 删除个位数字，每次用剩下的数减去被删数字的 5 倍，直到你得到一个足够小的数，可以直接通过观察判断它能否被 17 整除。

证明判断被 17 整除的这个技巧，与证明判断被 7 和 13 整除的方法一样。这个流程的每一步都让我们从原数中减去"成捆的 17"，直到把这个数减小到可以直接通过观察来检查它能否被 17 整除。这一次，我们要用到的乘数是 5，因为以 1 结尾的 17 的最小倍数是 51。

有了前面三个判断整除性的技巧中开发的模式（用于 7、13 和 17），你应该能够构造出类似的模式来测试较大素数的整除性。下表显示了对应于各个素数的被删除数字要相乘的"乘数"。

要测试整除性的数	7	11	13	17	19	23	29	31	37	41	43	47
乘数	2	1	9	5	17	16	26	3	11	4	30	14

---

① 关于素数 13 的可除性法则，请参见译者撰写的附录 B。——译注

你可能想要扩展这张表格。它富有乐趣,而且会加深观众对数学的理解。你可能还想让观众考虑整除性规则,来使其包括合数(即非素数)。下面这条规则中用的是互素因数,而不是任何因数,弄清楚其中的原因将加深他们对于数的性质的理解。也许对这个问题最简单的回答是:互素因数具有独立的整除性规则,而其他因数可能不是这样。因此,让你的观众考虑以下用于判断一个数能否被一个合数整除的技巧:

一个给定的数能被一个合数整除的条件是,它能被这个合数的每个互素因数整除。

若两个数没有除 1 以外的其他公因数,则它们互素。下表给出了这一规则的示例。

要测试整除性的数	6	10	12	15	18	21	24	28
互素因数	2,3	2,5	3,4	3,5	2,9	3,7	3,8	4,7

现在,你的观众不仅对于测试整除性的技巧有了一个相当全面的清单,而且对初等数论有了一种有趣的见解。你可以鼓励他们练习使用这些规则(逐渐强化熟悉程度),并尝试开发测试其他 10 进制数的整除性的技巧,还可以推广到其他进制的数。由于篇幅有限,这里无法更详细地展开了。不过,以上这些应该已足够让你激起观众对整除性的兴趣了。请记住,虽然这里已经给出一个相当宽泛的阐述,但它必须以一种使观众着迷的方式展示,而这取决于参与者的认知情况。

猜出缺失的数

猜数字总能引发观众的好奇心。首先给出以下 3 个数:1,3,8,要求观众提供第 4 个数 n,使得这 4 个数中的任何一对的乘积加上 1,结果会得到一个平方数。换言之,如果我们取这些给定数中的 2 个的乘积,比如说 $3 \times 8 = 24$,再加上 1,就会得到 25,而这是一个平方数。或者,另一种可能性是 $8 \times 1 = 8$,再加上 1,就会得到 9,这也是一个平方数。通常情况下,观众一开始会尝试用较小的数来替换 n,结果可能发现,他们所选的数不能让 4 个数中的每一对都符合这一模式。

这里我们提供答案:$n = 120$,因为 $1 \times 120 + 1 = 121 = 11^2$,$3 \times 120 + 1 = 361 = 19^2$,而 $8 \times 120 + 1 = 961 = 19^2$。虽然观众可能需要花一些时间才能发现它,但这可以带来乐趣,因为想要的数与给定的其他数离得很远。

一个算术现象

这个表演一开始就会让观众着迷,然后(如果展示恰当的话)他们就想知道为什么会出现这样的结果。这是一个展示代数有用的绝佳机会,因为只有通过代数,才能满足他们的好奇。请向观众作如下展示。

选择各位数字都彼此不同的任意一个三位数。写下可以由所选的三位数字组成的所有可能的两位数,然后将它们的和除以原来三位数的各位数字之和。所有观众都应该得到同一个答案:22。

这应该会引起一片惊叹。让我们来考虑三位数 365。取这三位数字组成的所有可能的两位数之和:$36 + 35 + 63 + 53 + 65 + 56 = 308$。然后计算原数的各位数字之和,即 $3 + 6 + 5 = 14$。当我们将 308 除以 14 时,就会得到 22。无论一开始选择的是哪个三位数,每个人都应该得到这个结果。

让我们分析一下这个不寻常的结果,即无论从哪个三位数开始,每个人都会得到 22 这个数。我们从所选的数的一般表示开始:$100x + 10y + z$。现在从原来的三位数字中提取所有的两位数并求和:

$$(10x + y) + (10y + x) + (10x + z) + (10z + x) + (10y + z) + (10z + y)$$
$$= 10(2x + 2y + 2z) + (2x + 2y + 2z)$$
$$= 11(2x + 2y + 2z)$$
$$= 22(x + y + z)$$

当用这个值 $22(x + y + z)$ 除以各位数字之和 $(x + y + z)$ 时,结果必定是 22。有了这个代数解释,观众们应该能够真正地感受到代数如何很好地帮助我们理解这些算术奇趣了。再一次,我们看到代数如何用于解释简单的算术现象,并展示其中的美。

用一个看似艰难的挑战来迷惑观众

如果将 59 除以 10,那么很显然会得到 5,余数为 9。现在让观众找到一个数,它被 10 除时余数为 9,被 9 除时余数为 8,被 8 除时余数为 7,然后这样继续下去,直到这个数被 3 除时余数为 2,最后被 2 除时余数为 1。观众面对的挑战是要找到具有这些特征的一个数。乍一看,这似乎是一项相当难以完成的任务。当然,你可以告诉观众,有一个这样的数是 14 622 042 959,以此给他们留下深刻印象,他们可以用计算器来加以验证。不过,指望观众给出这个数是不现实的。因此,你可以告诉他们,还有一个较小的数也具有符合上述要求的特点。其中一个较小的数是 3 628 799,它也满足一开始的挑战。不过,只需要找到 $1,2,3,4,\cdots,8,9,$ 10 这些数的最小公倍数,即 $2^3 \times 3^2 \times 5 \times 7 = 2520$,然后减去 1,得到 2519,这就是满足所有要求的最小的数。

将个位数字移到首位

在这一节,计算器会显得非常有用,这样我们就可以把注意力集中于得到的乘积,而不是乘法计算的过程。你可以用以下方法给观众们带来乐趣:向他们展示某些数乘以 4 时,结果会将个位数字移动到首位,例如:102 564 × 4 = 410 256。

我们还可以更进一步,通过重复上面的 6 位数(102 564)来构成一个 12 位数(102 564 102 564),同样的事情也会发生:102 564 102 564 × 4 = 410 256 410 256。

进一步拓展,将这个 6 位数重复 3 次,得到下面这个 18 位数 102 564 102 564 102 564,再将其乘以 4,就得到 410 256 410 256 410 256。每次个位数字都移到该数的首位。

这也可以用其他数乘以 4 来实现,例如:179 487 × 4 = 717 948。重复这个 6 位数又有:179 487 179 487 × 4 = 717 948 717 948。

下面这些数也能表现出这种奇异的性质:

$$128\ 205 \times 4 = 512\ 820$$
$$153\ 846 \times 4 = 615\ 384$$
$$205\ 128 \times 4 = 820\ 512$$
$$230\ 769 \times 4 = 923\ 076$$

由此产生的问题是,这种性质是否可以用除 4 以外的其他乘数来实现。对于乘数 5,你可以在以下示例中看到与上面相同的过程:

142 857 × 5 = 714 285,重复这个 6 位数又有:142 857 142 857 × 5 = 714 285 714 285。

有雄心的读者可能会去寻找其他一些能显示出这种不寻常特性的数。有很多方法可以得到这种奇特的乘数现象,其中之一是使用公式 $\dfrac{n}{10n-1}$。如果取 $n = 2$,那么我们将使用的数就是 $\dfrac{2}{20-1} = \dfrac{2}{19}$。从 $\dfrac{1}{19}$ = 0.052 631 578 947 368 421(1 之后这些数字循环重复)开始,将这个数乘以 2,就得到 0.105 263 157 894 736 842。请再次注意,个位数字是如何移动到首位的。当我们将 0. **052 63**1 578 947 368 421 乘以 3，就得到 0. 157 894 736 842 1**05 263**。现在注意到，有 5 个数字从首位移到了末位。不过，只要我们按照原来的公式，即 $\dfrac{n}{10n-1}$，就会得到个位数字移到首位的结果。为了有助于巩固这个过程，我们再次将其应用于 $n=7$ 的情况。于是现在有 $\dfrac{7}{70-1}=\dfrac{7}{69}$，而 $\dfrac{1}{69}=0.$ 014 492 753 623 188 405 797 **1**（1 之后这些数字循环重复），7 × 0 144 927 536 231 884 057 97<u>1</u> = **1** 014 492 753 623 188 405 797。我们注意到，个位数字又游荡到了首位。如果我们把最后得到的数 1 014 492 753 623 188 405 797 乘以 7，就会得到 **7** 101 449 275 362 318 840 579，个位数字再一次游荡到了首位。为了提供进一步的乐趣，这个过程可以继续下去，每次乘以 7，就会发现个位数字移到了首位。

　　自然，我们可以取其中一个数除以 7，而不是乘 7，请注意此时首位数字将移动到个位。

独特的数字性质

用到所有数字的情况常常会使观察者着迷。让我们来考虑当使用 10 个数字时会出现的一些新奇之处。例如,如果我们将 99 066(这本身就是一个奇异的数字,因为你可以翻转它而保持它的值不变)取平方,就会得到将 10 个数字每个恰好使用一次所能构成的最大平方数。这个数是 9 814 072 356。用符号来表示,我们有 $\sqrt{9\,814\,072\,356} = 99\,066$,或者用另一种方式来表示,$99\,066^2 = 9\,814\,072\,356$。

另一个有趣的奇异现象是,请观众试试怎样用所有 10 个数字(每个使用一次)组成两个 5 位数,使它们产生最大的乘积。在这里,我们需要两个值相近的数,并且按降序交替分配数字。这将产生以下两个数:96 420 和 87 531,它们的乘积是 8 439 739 020。

你可能想要用逗趣的方式来挑战你的观众,让他们确定下面这个数有什么不同寻常之处,答案通常会是他们始料未及的。这个数是:8 549 176 320。请不要让他们纠结太久,因为与我们在本书中所做的其他事情相比,这显得有点傻。关于这个数的简单事实是,它的各位数字是按其英文名称的字母顺序排列的。很抱歉答案这么傻——但这有时也会让人发笑。

当我们将由相继逆序数字和顺序数字组成的两个镜像对称数相减时,会出现一个相当出乎意料的结果:987 654 321 – 123 456 789 = 864 197 532。这一对称相减在减数和被减数中都恰好将 9 个数字每个使用了一次,令人惊讶的是,所得的差也恰好将 9 个数字每个使用了一次。我们做这一计算时也可以将 0 包括进来:9 876 543 210 – 0123 456 789 = 9 753 086 421。如果我们去掉 3 和 6,还可以得到一个包括除 3 和 6 以外所有不同数字的差:98 754 210 – 01 245 789 = 97 508 421。请注意,在上面所有减法示例的 3 个数中都没有重复任何数字,相减的 2 个数是按升序或降序排列的。我们也可以取一对各位数字按升序和降序排列的三位数,此时同样的情况也成立,例如:954 – 459 = 495。顺便说一下,上面所有的减法都是独一无二的。

　　既然我们正在讨论在算术中使用所有 10 个数字的问题,请考虑两个数 96 702 和 58 413。这两个数一起正好将我们数字系统中的所有数字每个使用了一次。我们现在取这两个数的平方:$96\ 702^2 = 9\ 351\ 276\ 804$,$58\ 413^2 = 3\ 412\ 078\ 569$,你会发现这两个平方数也分别将所有 10 个数字每个使用了一次。另外还有 2 对数也具有这一独特的性质,其中一对是 35 172 和 60 984,它们一起正好使用了全部 10 个数字,而它们各自的平方也都使用了全部 10 个数字:$35\ 172^2 = 1\ 237\ 069\ 584$,$60\ 984^2 = 3\ 719\ 048\ 256$。

　　类似地,59 403 和 76 182 一起正好将所有数字每个使用了一次,而它们的平方也是如此:$59\ 403^2 = 3\ 528\ 716\ 409$,$76\ 182^2 = 5\ 803\ 697\ 124$。请记住,这里每一个平方数都由所有 10 个数字组成,每个恰好使用一次。

　　现在我们很想看看,把两个从 1 到 9 的互为逆序的数相除会发生什么,即

$$\frac{987\ 654\ 321}{123\ 456\ 789}$$

$= 8.\ 000\ 000\ 072\ 900\ 000\ 663\ 390\ 006\ 036\ 849\ 054\ 935\ 326\ 399\ 911\ 470\ 239\cdots$

　　我们能对观众说的只有它约等于 8。顺便说一下,这个数字的一个奇异特征是,第一组 0 共有 7 个,下一组 0 有 5 个,然后是 3 个,然后是 1 个。所以你就有了给大伙儿带来乐趣的另一种模式!

　　下面,为了有个"圆满"结局,我们取原数 987 654 321,交换最后两位数字,得到 987 654 312,并将其除以 8(这是前一个除法的近似答案),看看我们得出的令人惊讶的结果:$\dfrac{987\ 654\ 312}{8} = 123\ 456\ 789$。数学中似乎总是会出现各种模式——这就是为什么这门学科如此之美!

　　这里还有一些这样的神奇算式,这次使用的是乘法,在等号的两边,所有 9 个数字都恰好出现一次:$291\ 548\ 736 = 8 \times 92 \times 531 \times 746$,以及 $124\ 367\ 958 = 627 \times 198\ 354 = 9 \times 26 \times 531\ 487$。

　　另一个算式的例子是 $567^2 = 321\ 489$,也将所有数字都恰好使用了一次(不计指数)。这对下式也成立:$854^2 = 729\ 316$。很明显,在这两种情

况中,平方前后的数中所有数字都出现了一次。

这里有一个让观众深思的问题:除 0 之外的所有 9 个数字都恰好使用一次的最小平方数是多少? 答案是:$11\ 826^2 = 139\ 854\ 276$。可以预料,随后出现的问题是:除 0 之外的所有 9 个数字都恰好使用一次的最大平方数是多少? 答案是:$30\ 384^2 = 923\ 187\ 456$。

如果我们把 0 包括进去,那么由所有 10 个数字都恰好使用一次组成的最小平方数为 $32\ 043^2 = 1\ 026\ 753\ 849$,由所有 10 个数字都恰好使用一次组成的最大平方数为 $99\ 066^2 = 9\ 814\ 072\ 356$。有积极性的观众可能会去寻找更大的数,满足取平方后产生的数包括所有 10 个数字,但每个数字使用可能不止一次。在任何情况下,你都应该充分利用上述令人惊叹的关系为观众带来乐趣。

当我们讨论在算式中保持出现相同的数字时,请考虑一下减法的例子。我们将两个由相同数字构成的数相减,发现结果所得的差也仅使用减法中出现的这些数字。告诉观众,只有 5 个这样的例子,这会令他们印象深刻(也会给他们带来乐趣),这 5 个例子是:

$$1980 - 0891 = 1089$$
$$2961 - 1692 = 1269$$
$$3870 - 0783 = 3087$$
$$5823 - 3285 = 2538$$
$$9108 - 8019 = 1089$$

注意,在最后一个例子中,相减的两个数是彼此的逆序数,它们给出了一个极不寻常的数 1089。在本章后续部分,这个数会令我们更加着迷。

在算术情境中使用所有 9 个数字的旅程似乎是没有终点的。下面再来说一个。当我们取 69 这个数的平方和立方时,得到的两个数一起正好将 10 个数字中的每一个使用了一次:$69^2 = 4761$,$69^3 = 328\ 509$。也就是说,在 4761 和 328 509 这两个数中,出现了所有 10 个数字。这些有趣的例子在计算器的帮助下可以很容易呈现,它们进一步展示了数学中隐藏的美。

数字1到9的适宜排列

当你想用一个相当简单的任务给一群人带来乐趣时,可以让他们把数字1,2,3,4,5,6,7,8,9按顺序排列,并且只用加减法得到100。

这里有一个适用的解答:123 −45 −67 +89 = 100。

为了让你做好充分的准备,我们提供其他一些你可能会从观众那里得到的解答。

$$123 +4 -5 +67 -89 = 100$$
$$123 +45 -67 +8 -9 = 100$$
$$123 -4 -5 -6 -7 +8 -9 = 100$$
$$12 -3 -4 +5 -6 +7 +89 = 100$$
$$12 +3 +4 +5 -6 -7 +89 = 100$$
$$1 +23 -4 +5 +6 +78 -9 = 100$$
$$1 +2 +34 -5 +67 -8 +9 = 100$$
$$12 +3 -4 +5 +67 +8 +9 = 100$$
$$1 +23 -4 +56 +7 +8 +9 = 100$$
$$1 +2 +3 -4 +5 +6 +78 +9 = 100$$
$$-1 +2 -3 +4 +5 +6 +78 +9 = 100$$

如果观众们对这一趣味练习不满足,那么你还可以让他们用逆序来做,比如:9 +8 +76 +5 −4 +3 +2 +1 = 100。这里有几个例子是逆序使用这些数来构造出总和100,当你对大家提出趣味挑战时,这些能让你做好充分的准备。

$$98 -76 +54 +3 +21 = 100$$
$$9 -8 +76 +54 -32 +1 = 100$$
$$98 -7 -6 -5 -4 +3 +21 = 100$$
$$9 -8 +7 +65 -4 +32 -1 = 100$$
$$9 -8 +76 -5 +4 +3 +21 = 100$$
$$98 -7 +6 +5 +4 -3 -2 -1 = 100$$
$$98 +7 -6 +5 -4 +3 -2 -1 = 100$$

$$98 + 7 + 6 - 5 - 4 - 3 + 2 - 1 = 100$$
$$98 + 7 - 6 + 5 - 4 - 3 + 2 + 1 = 100$$
$$98 - 7 + 6 + 5 - 4 + 3 - 2 + 1 = 100$$
$$98 - 7 + 6 - 5 + 4 + 3 + 2 - 1 = 100$$
$$98 + 7 - 6 - 5 + 4 + 3 - 2 + 1 = 100$$
$$98 - 7 - 6 + 5 + 4 + 3 + 2 + 1 = 100$$
$$9 + 8 + 76 + 5 + 4 - 3 + 2 - 1 = 100$$
$$-9 + 8 + 76 + 5 - 4 + 3 + 21 = 100$$
$$-9 + 8 + 7 + 65 - 4 + 32 + 1 = 100$$
$$-9 - 8 + 76 - 5 + 43 + 2 + 1 = 100$$

你还可以拓展这一挑战,要求大家使用按顺序或逆序排列的所有9个数字,并且只用加法和乘法运算来得到 100 这个数。下面是这样的一个答案:$9 \times 8 + 7 + 6 + 5 + 4 + 3 + 2 + 1 = 100$。

使用全部 9 个数字

我们在这里提供一个相当困难但也可能相当有趣的挑战,即找到一种方法,使用全部 9 个数字以带分数的形式来表示 100 这个数。有 11 种方式可以做到这一点,它们绝不简单,但也许在看过其中一些之后,观众会发现还可以用其他方法来完成这一壮举。以下是这 11 种可能性:

$$3\frac{69\,258}{714}, 81\frac{5643}{297}, 81\frac{7524}{396}, 82\frac{3546}{197}, 91\frac{5742}{638}, 91\frac{5823}{647},$$

$$91\frac{7524}{836}, 94\frac{1578}{263}, 96\frac{1428}{357}, 96\frac{1752}{438}, 96\frac{2148}{537}。$$

使用全部 10 个数字的更多乐趣

现在,你可以进一步对观众们提出挑战,让他们将数字 0—9 排列成分数形式,并且相加后得到 1 这个数。这里有一个适用的解答:$\frac{35}{70} + \frac{148}{296} = \frac{1}{2} + \frac{1}{2} = 1$。

另一个有趣的挑战是,让你的观众们用全部 10 个数字排列成分数形式相加,来得到 10 这个数。一个答案是:$1\frac{35}{70} + 8\frac{46}{92} = 10$。

用4个相同数构造出100

一个更具挑战性的问题可以由一些简单的示例引出。你可能觉得这会有一个简单的解答,但试图找到这个解答的过程会令你灰心丧气。假如要求你恰好用4个5来构造出100这个数,这里的解答相当简单:$(5+5) \times (5+5) = 100$。下面让他们用4个9来构造出100。这将更有挑战性一些,因为结果会是 $99 + \dfrac{9}{9}$。此时,你可以让他们去发现使用其他4个相同数来构造出100的方法。

只用4来构造数

我们正在讨论以一种创造性的方式来构造数的趣题,你可以对观众提出挑战,看看他们只将4这个数使用4次能构造出多少个数。在这里,我们为这项任务提供一个开端。

$$1 = \frac{4+4}{4+4} = \frac{\sqrt{44}}{\sqrt{44}}$$

$$2 = \frac{4 \times 4}{4+4} = \frac{4-4}{4} + \sqrt{4}$$

$$3 = \frac{4+4+4}{4} = \sqrt{4} + \sqrt{4} - \frac{4}{4}$$

$$4 = \frac{4-4}{4} + 4 = \frac{\sqrt{4 \times 4 \times 4}}{\sqrt{4}}$$

$$5 = \frac{4 \times 4 + 4}{4}$$

$$6 = \frac{4+4}{4} + 4 = \frac{4\sqrt{4}}{4} + 4$$

$$7 = \frac{44}{4} - 4 = \sqrt{4} + 4 + \frac{4}{4}$$

$$8 = 4 \times 4 - 4 - 4 = \frac{4(4+4)}{4}$$

$$9 = \frac{44}{4} - \sqrt{4} = 4\sqrt{4} + \frac{4}{4}$$

$$10 = 4 + 4 + 4 - \sqrt{4}$$

$$11 = \frac{44}{\sqrt{4 \times 4}}$$

$$12 = \frac{4 \times 4}{\sqrt{4}} + 4 = 4 \times 4 - \sqrt{4} - \sqrt{4}$$

$$13 = \frac{44}{4} + \sqrt{4}$$

$$14 = 4 \times 4 - 4 + \sqrt{4} = 4 + 4 + 4 + \sqrt{4}$$

$$15 = \frac{44}{4} + 4$$

$$16 = 4 \times 4 - 4 + 4 = \frac{4 \times 4 \times 4}{4}$$

$$17 = 4 \times 4 + \frac{4}{4}$$

$$18 = \frac{44}{\sqrt{4}} - 4 = 4 \times 4 + 4 - \sqrt{4}$$

$$19 = 4! - 4 - \frac{4}{4}$$

$$20 = 4 \times 4 + \sqrt{4} + \sqrt{4}$$

$$21 = 4! - 4 + \frac{4}{4}$$

$$22 = 4 \times 4 + 4 + \sqrt{4} = \frac{4}{4}(4!) - \sqrt{4}$$

$$23 = 4! - \sqrt{4} + \frac{4}{4} = 4! - 4^{4-4}$$

$$24 = 4 \times 4 + 4 + 4$$

$$25 = \left(4 + \frac{4}{4}\right)^{\sqrt{4}}$$

$$26 = 4! + \sqrt{(4 + 4 - 4)} = \frac{4}{4}(4!) + \sqrt{4}$$

$$27 = 4! + 4 - \frac{4}{4}$$

$$28 = 4! + \sqrt{4} \cdot 4 - 4 = 44 - 4 \times 4 = (4 + 4) \times 4 - 4$$

$$29 = 4! + 4 + \frac{4}{4}$$

$$30 = 4! + 4 + 4 - \sqrt{4}$$

将 12 345 679 乘以 3 的倍数

在这里，我们将 12 345 679 这个数（注意其中缺少 8）乘以 3 的各种倍数，得到一些令人惊讶的结果，由此获得一些乐趣。举例来说：

$$12\ 345\ 679 \times 45 = 555\ 555\ 555$$

$$12\ 345\ 679 \times 48 = 592\ 592\ 592$$

再来几个例子：

$$12\ 345\ 679 \times 63 = 777\ 777\ 777$$

$$12\ 345\ 679 \times 54 = 666\ 666\ 666$$

通过与这些 3 的倍数相乘，你还会得到许多其他令人惊讶的结果，其中每一个都可能带来惊喜和乐趣。

一个令人惊奇的除法

有时候,给拿着计算器并希望看到一个漂亮结果的人带来乐趣是很有意思的。比如,所有的 10 位数字在下面这个结果中不断重复:

$$\frac{137\ 174\ 210}{1\ 111\ 111\ 111} = 0.\ \textbf{123 456 789}\ 012\ 345\ 678\ 90\textbf{1 234 567 890}\cdots,$$ 这个漂亮的结果不需要进一步去解释了。

91 与 1 到 9 的乘积

为了欣赏下面这些乘法，我们需要将 91 与 1 到 9 分别相乘，然后沿竖直方向来观察这些结果。

$$91 \times 1 = 091$$
$$91 \times 2 = 182$$
$$91 \times 3 = 273$$
$$91 \times 4 = 364$$
$$91 \times 5 = 455$$
$$91 \times 6 = 546$$
$$91 \times 7 = 637$$
$$91 \times 8 = 728$$
$$91 \times 9 = 819$$

数的一些特性

数的奇异性不一定仅限于单个的数。有时这些奇异性会在有搭档的情况下出现。考虑两个数相加:192 + 384 = 576。观众可能会问,这个加法有什么特别之处? 让他们观察外侧的数字(粗体):**1**92 + **3**84 = **5**76,它们从左到右按数字顺序(1,2,3,4,5,6)排列。然后沿反方向,你就会找到 9 个数字中的其余三个(7,8,9)。他们可能还会注意到,这个加法示例中使用的 3 个数也有一个奇怪的关系,这可以从下列各式看出:

$$192 = 1 \times 192$$
$$384 = 2 \times 192$$
$$576 = 3 \times 192$$

理解除法

随着人们对计算器越来越依赖,许多人都不会认真考虑一下除法。有时,用一道简单的算术题就能很好地激起观众的兴趣,也许还会带来乐趣。例如,问观众满足以下条件的最小的数是多少:它能被 13 整除,并且被 2 到 12 之间的任何一个数(包括 2 到 12)除会留下余数 1。乍一看,观众可能会觉得无从下手。不过,很少有人会考虑从一种试错的方法开始入手。

你需要准备好解释一下,如何用一点点代数就可以很容易地解答这个问题。可以被从 2 到 12 的每一个数除而不留余数的最小的数,是乘积 $12 \times 11 \times 5 \times 7 \times 3 \times 2 = 27\,720$。因此,我们要找的这个数是 $27\,720n + 1$,将其除以 13 就得到

$$\frac{27\,720n + 1}{13} = 2\,132n + \frac{4n + 1}{13}$$

要使它能被 13 整除,$4n + 1$ 这个数就必须是 13 的倍数,而这个数显然在 $n = 3$ 时最小。因此,我们要找的数是 $27\,720n + 1$,其中 $n = 3$,于是得到 $27\,720 \times 3 + 1 = 83\,161$。

乍一看,这道题的解答似乎有点复杂,但通过你缓慢而严密的呈现,就可以使它既有趣味性又有启发性。

立方数列中隐藏的奇趣

有时,看似"无意义"的数字排列会产生意想不到的结果。这种惊喜既有趣味性又有启发性。让我们考虑前 8 个完全立方数:$1^3, 2^3, 3^3, 4^3,$ $5^3, 6^3, 7^3, 8^3$,它们的值是:1,8,27,64,125,216,343,512。当我们取这些立方数之差时,得到 7,19,37,61,91,127,169。乍一看,这里似乎没有任何特殊性质。不过,当我们再取这些数的差时,得到 12,18,24,30,36,42,它们的公差是 6。这为相继立方数的列表提供了一些深入的含义。

不寻常的数字关系往往会给观众留下深刻印象。当然,作为展示者,你需要指出这些关系是很罕见的。他们随后可以用计算器来验证这些关系,以确保它们是正确的。不过,一经证实,他们就会真正地欣赏它们了。这里有一些这样的关系,它们的通式为:$d^{2n} + e^{2n} + f^{2n} = a^n + b^n + c^n$:

$$3^4 + 4^4 + 5^4 = 5^2 + 19^2 + 24^2$$

$$3^8 + 4^8 + 5^8 = 5^4 + 19^4 + 24^4$$

类似地,还有通式为 $a^n + b^n + c^n = d^n + e^n + f^n$ 的关系:

$$1^1 + 6^1 + 8^1 = 2^1 + 4^1 + 9^1$$

$$1^2 + 6^2 + 8^2 = 2^2 + 4^2 + 9^2$$

$$7^2 + 34^2 + 41^2 = 14^2 + 29^2 + 43^2$$

$$7^4 + 34^4 + 41^4 = 14^4 + 29^4 + 43^4$$

$$1^1 + 5^1 + 8^1 + 12^1 = 2^1 + 3^1 + 10^1 + 11^1$$

$$1^2 + 5^2 + 8^2 + 12^2 = 2^2 + 3^2 + 10^2 + 11^2$$

$$1^3 + 5^3 + 8^3 + 12^3 = 2^3 + 3^3 + 10^3 + 11^3$$

这些并不是仅有的具有这种共同模式的关系。寻找在等号两边都有 4 个以上数的其他关系可能是一个很好的挑战。正是这些关系的不同寻常,使它们显得特殊,值得观众的赞叹。

一个不寻常的数

当 76 923 这个数与其他一些数（例如 2,7,5,11,6,8）相乘时,提供了另一种引人注目的模式。看看你的观众是否会立即注意到这些模式,这会很有趣。

$$76\,923 \times 2 = 153\,846$$
$$76\,923 \times 7 = 538\,461$$
$$76\,923 \times 5 = 384\,615$$
$$76\,923 \times 11 = 846\,153$$
$$76\,923 \times 6 = 461\,538$$
$$76\,923 \times 8 = 615\,384$$

我们注意到这些乘积的第一位数字与第一个乘积的各位数字相同,即 1,5,3,8,4,6。此外,这些乘积从右上到左下的对角线上都是 6,与对角线平行的各条线上也都是相同的数字。

37 与 3 的倍数的乘积

我们正在从发现不寻常的相乘结果中寻找乐趣,下面请考虑将 37 乘以这些数:3,6,9,12,15,18,21,24,27,你会发现相应的乘积是:111,222,333,444,555,666,777,888,999。重申一次,要避免分心,有一台计算器会非常有用。

3367 与 33 的倍数的乘积

当你有计算器在手时,还可以考虑这里的一些更有趣的乘积:

$$3367 \times 33 = 111\ 111$$

$$3367 \times 66 = 222\ 222$$

$$3367 \times 99 = 333\ 333$$

$$3367 \times 132 = 444\ 444$$

$$3367 \times 165 = 555\ 555$$

$$\vdots$$

$$3367 \times 297 = 999\ 999$$

双重数奇趣

我们将在此考虑一个有趣的现象。比如说,从 418 这个数开始,为了方便讨论,我们将写成 418 418 形式的数称为双重数。将 418 418 相继除以 7,11,13,就可以回到不重复的数 418,如下所示:

$$418\ 418 \div 7 = 59\ 774$$

$$59\ 774 \div 11 = 5434$$

$$5434 \div 13 = 418$$

观众们可能想知道为什么会这样。让他们考虑乘积 $7 \times 11 \times 13 = 1001$,将其乘以一个三位数时,总是会得到一个双重数。换言之,我们就是做了乘法 $418 \times 1001 = 418\ 418$。

有积极性的观众可能会问:对于较大的数,比如说长度为 8 位的双重数,例如 23 562 356,是否也可以这样做? 聪明的参与者可能会建议将这个数除以 2356,结果会是 $23\ 562\ 356 \div 2356 = 10\ 001$。这一次需要找出 10 001 的因数,即 73 和 137。因此,我们取一个四位数,比如 1836,将其乘以 73,得到 134 028,再乘以 137,得到 18 361 836,而这就是我们要的那个双重数。

如果有人问:如何从一个五位数开始得到一个双重数? 那么答案是乘以 100 001,这就需要做两次乘法,一次乘以 11,另一次乘以 9091。

假如有人问:如何得到一个由三位数转换成的四重数,即将 3 位数字重复 4 次。这会更复杂一些,需要一台较高级的计算器,因为这次我们需要将给定的三位数乘以 1 001 001 001,而这就需要做 5 次乘法,将原来的三位数依次乘以 7,11,13,101 和 9901。

你可以使用这一技巧构造出双重数和其他多重数,从而给观众带来更多的乐趣。

一些奇怪的关系

有些数对,在将两个数都取逆序时,会产生相同的乘积。比如说 $12 \times 42 = 504$,将这两个数都取逆序,会得到 $21 \times 24 = 504$。你无疑可以用这些数对给观众留下深刻印象。36 和 84 这个数对也是如此,因为 $36 \times 84 = 3024 = 63 \times 48$。

这一刻,观众可能会想,是否任何一个数对都会如此。答案是:它只适用于以下 14 个数对:

$12 \times 42 = 21 \times 24 = 504$	$12 \times 63 = 21 \times 36 = 756$
$12 \times 84 = 21 \times 48 = 1008$	$13 \times 62 = 31 \times 26 = 806$
$13 \times 93 = 31 \times 39 = 1209$	$14 \times 82 = 41 \times 28 = 1148$
$23 \times 64 = 32 \times 46 = 1472$	$23 \times 96 = 32 \times 69 = 2208$
$24 \times 63 = 42 \times 36 = 1512$	$24 \times 84 = 42 \times 48 = 2016$
$26 \times 93 = 62 \times 39 = 2418$	$34 \times 86 = 43 \times 68 = 2924$
$36 \times 84 = 63 \times 48 = 3024$	$46 \times 96 = 64 \times 69 = 4416$

仔细检查这 14 个数对就会发现,在每种情况下,两个数的十位数乘积都等于个位数乘积。对于好奇的读者,我们可以很容易用代数方法证明如下:

对于 k_1, k_2, k_3, k_4 这 4 个数,我们有

$$k_1 \cdot k_2 = (10a + b) \cdot (10c + d) = 100ac + 10ad + 10bc + bd$$

和 $k_3 \cdot k_4 = (10b + a) \cdot (10d + c) = 100bd + 10bc + 10ad + ac$

这里的 a, b, c, d 代表 $1, 2, \cdots, 9$ 这 9 个数字中的任何一个。

我们想得到 $k_1 \cdot k_2 = k_3 \cdot k_4$。因此 $100ac + 10ad + 10bc + bd = 100bd + 10bc + 10ad + ac$,于是 $100ac + bd = 100bd + ac$,因此 $99ac = 99bd$,即 $ac = bd$,而这就是我们之前观察到的。

一些数字命理学噱头

有些人并不认为数字命理学是数学，但我们可以离题一下，暂时沉湎其中。在数字命理学中，文字被数字取代，但仍然有意义。举个例子，下面这个由几个单词构成的句子：SIX + SIX + SIX = NINE + NINE。

我们的任务是，找到能替换这些字母的数字，使这个等式仍然成立。有两种这样的替换方式。

942 + 942 + 942 = 1413 + 1413，这里用数字 4 替换了 I，所有其他字母也都由唯一的数字进行了替换。

另一个答案是 472 + 472 + 472 = 0708 + 0708，其中用数字 7 替换了 I，其他字母也都由唯一的数字进行了替换。不要让大家去搜寻其他的替换数字，因为对于这个单词等式，只存在这些数能使它成立。

仍然使用这些数字

你可以用简单的乘法给大家带来乐趣。如果手边有一台计算器的话，体验过程就会更加顺畅。下面是几个乘法的例子，它们的积仍然只使用给定的两个相乘数中的各位数字：

$$30 \times 51 = 1530$$
$$21 \times 87 = 1827$$
$$80 \times 86 = 6880$$
$$27 \times 81 = 2187$$
$$60 \times 21 = 1260$$
$$93 \times 15 = 1395$$
$$41 \times 35 = 1435$$

当然，这也能适用于较大的数。如果你真想给观众留下深刻印象，那么就取一对较大的数。考虑以下这对：9 162 361 086 × 1 234 554 321 = 11 311 432 469 283 552 606。检查这个等式会是一项相当艰巨的任务，但它会使观众的视野更拓宽一些，特别是对那些想要进一步探究这个问题的人而言。

更多奇怪的关系

早些时候,当我们对 9 这个数感到惊叹时,我们看到过以下关系:

$$9 + 9 = 18 \quad 和 \quad 9 \times 9 = 81$$

现在,你可以再用几个相似的关系给观众带来乐趣,例如:

$$24 + 3 = 27 \quad 和 \quad 24 \times 3 = 72$$

$$47 + 2 = 49 \quad 和 \quad 47 \times 2 = 94$$

$$497 + 2 = 499 \quad 和 \quad 497 \times 2 = 994$$

向观众展示这些通常会引起关于数学之美的惊叹,因为这种美似乎经常被隐藏起来。

这里有一个快捷的趣味数学题:哪个数是它的逆序数的 4 倍? 这个数是 8712,因为 $2178 \times 4 = 8712$。还有其他这样的数吗? 有雄心的读者可能会想一探究竟。

再来两个快捷问题:$2^7 - 5^3 = 5 - 2$,或 $13^3 - 3^7 = 13 - 3$。还有更多奇趣关系可以给大家带来乐趣。

第 1 章 趣味算术

另一种奇异的关系

我们还可以考虑上下颠倒数字带来的奇趣。下面两个相等的和就能给观众带来不少乐趣：$69 + 98 + 86 = 96 + 68 + 89 = 253$。

这些颠倒的数的平方和也相等：$69^2 + 98^2 + 86^2 = 96^2 + 68^2 + 89^2 = 21\ 761$。这一独特的关系很可能会得到观众的掌声。

如果这还不够，那么我们再提供另一种相当奇异的关系。考虑以下等式，等式中左边两个数与右边两个数正好都是彼此的镜像：$1181 + 1811 + 8188 + 8818 = 1118 + 1888 + 8111 + 8881 = 19\ 998$。特殊的是当我们对这些数的每一个都取平方时，仍然能得到一个等式：$1181^2 + 1811^2 + 8188^2 + 8818^2 = 1118^2 + 1888^2 + 8111^2 + 8881^2 = 149\ 494\ 950$。更令人惊讶的是，它们的立方和也相等：$1181^3 + 1811^3 + 8188^3 + 8818^3 = 1118^3 + 1888^3 + 8111^3 + 8881^3 = 1\ 242\ 200\ 007\ 576$。如果你觉得已经无法再超越了，那么请考虑一下，把这些数字翻转、颠倒或取镜像，上述关系仍然成立。这一定会让你的观众感到无比神奇！

卡普雷卡尔数

还有其他一些数也具有类似的不寻常特性。有时,这些特性可以通过代数表示来加以理解和证明,另一些时候,某个特性只是以 10 为基数的数系的一个怪异之处。无论如何,这些数提供了一些相当令人愉快的乐趣,这激励着我们去寻找其他类似的特性或怪异之处。

例如,考虑 297 这个数。当我们取这个数的平方时,就得到 $297^2 = 88\,209$。神奇的是,如果我们把它拆开并相加,两个数之和就等于原数:$88 + 209 = 297$。这样的数被称为卡普雷卡尔数(Kaprekar number),以印度数学家卡普雷卡尔(Dattatreya Ramchandra Kaprekar,1905—1986)的名字命名,正是他发现了具有这一特征的数。这里有几个卡普雷卡尔数的例子:

$9^2 = 81$ $8 + 1 = 9$

$45^2 = 2025$ $20 + 25 = 45$

$55^2 = 3025$ $30 + 25 = 55$

$703^2 = 494\,209$ $494 + 209 = 703$

$2728^2 = 7\,441\,984$ $744 + 1984 = 2728$

$4879^2 = 23\,804\,641$ $238 + 04\,641 = 4879$

$142\,857^2 = 20\,408\,122\,449$ $20\,408 + 122\,449 = 142\,857$

这里为有雄心的观众提供一张更全的卡普雷卡尔数列表,他们可能会受到激励,要去寻找其他这样的数。

卡普雷卡尔数列表

卡普雷卡尔数	该数的平方		分解
1	$1^2 =$	1	$1 = 1$
9	$9^2 =$	81	$8 + 1 = 9$
45	$45^2 =$	2025	$20 + 25 = 45$
55	$55^2 =$	3025	$30 + 25 = 55$
99	$99^2 =$	9801	$98 + 01 = 99$
297	$297^2 =$	88 209	$88 + 209 = 297$
703	$703^2 =$	494 209	$494 + 209 = 703$

卡普雷卡尔数	该数的平方		分解
999	$999^2 =$	998 001	$998 + 001 = 999$
2223	$2223^2 =$	4 941 729	$494 + 1729 = 2223$
2728	$2728^2 =$	7 441 984	$744 + 1984 = 2728$
4879	$4879^2 =$	23 804 641	$238 + 04 641 = 4879$
4950	$4950^2 =$	24 502 500	$2450 + 2500 = 4950$
5050	$5050^2 =$	25 502 500	$2550 + 2500 = 5050$
5292	$5292^2 =$	28 005 264	$28 + 005 264 = 5292$
7272	$7272^2 =$	52 881 984	$5288 + 1984 = 7272$
7777	$7777^2 =$	60 481 729	$6048 + 1729 = 7777$
9999	$9999^2 =$	99 980 001	$9998 + 1 = 9999$
17 344	$17 344^2 =$	300 814 336	$3008 + 14 336 = 17 344$
22 222	$22 222^2 =$	493 817 284	$4938 + 17 284 = 22 222$
38 962	$38 962^2 =$	1 518 037 444	$1518 + 037 444 = 38 962$
77 778	$77 778^2 =$	6 049 417 284	$60 494 + 17 284 = 77 778$
82 656	$82 656^2 =$	6 832 014 336	$68 320 + 14 336 = 82 656$
95 121	$95 121^2 =$	9 048 004 641	$90 480 + 04 641 = 95 121$
99 999	$99 999^2 =$	9 999 800 001	$99 998 + 00 001 = 99 999$
142 857	$142 857^2 =$	20 408 122 449	$20 408 + 122 449 = 142 857$
148 149	$148 149^2 =$	21 948 126 201	$21 948 + 126 201 = 148 149$
181 819	$181 819^2 =$	33 058 148 761	$33 058 + 148 761 = 181 819$
187 110	$187 110^2 =$	35 010 152 100	$35 010 + 152 100 = 187 110$

接下去的卡普雷卡尔数是 208 495，318 682，329 967，351 352，356 643，390 313，461 539，466 830，499 500，500 500，533 170，857 143，⋯。

还有一些进一步的变化形式。比如 45 这个数，我们认为它是一个卡普雷卡尔三元数（Kaprekar triple），因为它具有如下性质：$45^3 = 91\ 125 = 9 + 11 + 25 = 45$。其他的卡普雷卡尔三元数还有 1，8，10，297 和 2322 等。神奇的是，我们之前称为卡普雷卡尔数的 297，也是一个卡普雷卡尔三元数，因为 $297^3 = 26\ 198\ 073$，而 $26 + 198 + 073 = 297$。有积极性的观众通常会去寻找其他卡普雷卡尔三元数。

一个不寻常的等差数列

有些时候，一个未曾想到的、相当不寻常的数列会产生一些闪亮的结果，例如以下数列：15 873，31 746，47 619，63 492，79 365，95 238，111 111，126 984，142 857，这些数的公差是 15 873。当这些数中的每一个都乘以 7 时，我们惊奇地得到了以下乘积：111 111，222 222，333 333，444 444，555 555，666 666，777 777，888 888，999 999。

当然，这个数列中的第七个数乘以 7 时，并不会产生很大的惊喜，但其他那些数就相当惊人了，很可能会引起观众的惊叹。

三角形数

你的朋友们应该都知道,1,4,9,16,25 等平方数在用一些点来表示时,可以排列成一个个正方形的形式。类似地,有一些数用点来表示时,可以排列成等边三角形的形式,因此被称为三角形数 (triangular number),这些数也可以给我们带来相当多的乐趣。图 1.3 中展示了前几个三角形数,它们都被排列成等边三角形的形式。

图 1.3

为了让读者充分地巩固这一概念,以下给出所有小于 10 000 的三角形数:

1,3,6,10,15,21,28,36,45,55,66,78,91,105,120,136,153,
171,190,210,231,253,276,300,325,351,378,406,435,465,496,
528,561,595,630,666,703,741,780,820,861,903,946,990,1035,
1081,1128,1176,1225,1275,1326,1378,1431,1485,1540,1596,
1653,1711,1770,1830,1891,1953,2016,2080,2145,2211,2278,
2346,2415,2485,2556,2628,2701,2775,2850,2926,3003,3081,
3160,3240,3321,3403,3486,3570,3655,3741,3828,3916,4005,
4095,4186,4278,4371,4465,4560,4656,4753,4851,4950,5050,
5151,5253,5356,5460,5565,5671,5778,5886,5995,6105,6216,
6328,6441,6555,6670,6786,6903,7021,7140,7260,7381,7503,
7626,7750,7875,8001,8128,8256,8385,8515,8646,8778,8911,
9045,9180,9316,9453,9591,9730,9870

也许最容易发现的三角形数特性是,它们都是前 n 个连续正整数之和(我们将第 n 个三角形数表示为 T_n)。尽管观众们可以通过实验来证明这一说法,但向他们展示前几个三角形数可以写成下列形式,这会成为

你给他们带来乐趣的一部分:

$$T_1 = 1$$
$$T_2 = 1 + 2 = 3$$
$$T_3 = 1 + 2 + 3 = 6$$
$$T_4 = 1 + 2 + 3 + 4 = 10$$
$$T_5 = 1 + 2 + 3 + 4 + 5 = 15$$
$$T_6 = 1 + 2 + 3 + 4 + 5 + 6 = 21$$
$$T_7 = 1 + 2 + 3 + 4 + 5 + 6 + 7 = 28$$

不过,由于这些三角形数是由等差数列产生的,因此第 n 个三角形数可以用以下公式求出: $T_n = \dfrac{n(n+1)}{2}$ (很可能在高中课程中已经给出了)。

作为一个小小的题外话,此时指出前几个相继奇整数之和总是等于一个平方数是一种明智的做法:

$$1$$
$$1 + 3 = 4$$
$$1 + 3 + 5 = 9$$
$$1 + 3 + 5 + 7 = 16$$
$$1 + 3 + 5 + 7 + 9 = 25$$
$$1 + 3 + 5 + 7 + 9 + 11 = 36$$

关于三角形数的特性,这才刚刚开始,你几乎可以用它给朋友们带来无限的乐趣。现在让我们来欣赏三角形数的一些真正意想不到的性质。

1. 首先,我们来看看三角形数与平方数是如何联系起来的。任意两个相继三角形数之和等于一个平方数,例如:

$$T_1 + T_2 = 1 + 3 = 4 = 2^2$$
$$T_5 + T_6 = 15 + 21 = 36 = 6^2$$
$$T_6 + T_7 = 21 + 28 = 49 = 7^7$$

2. 通过检视上面的三角形数列表,你会注意到,三角形数似乎永远不会以 2,4,7 或 9 为个位数结尾。所有的三角形数都是这样。

3. 3 是三角形数中唯一的素数。

4. 所有的完全数（即等于其各真因数之和的数，如 6,28,496,8128 等）都是三角形数。

5. 如果将 1 与一个三角形数的 9 倍相加，结果将得到另一个三角形数，例如：$9 \cdot T_3 + 1 = 9 \cdot 6 + 1 = 54 + 1 = 55$，这是第 10 个三角形数。你可能想用其他三角形数来试一试，看看这条法则是否真的成立。我们在这里也试一下：$9 \cdot T_5 + 1 = 9 \cdot 15 + 1 = 136$，这是第 16 个三角形数。

6. 我们可以利用前面这个奇异现象并将其拓展，考虑一下：如果将一个三角形数乘以 8，而不是乘以 9，然后再加 1，结果会发生什么。我们发现，如果将 1 与一个三角形数的 8 倍相加，结果将得到一个平方数，例如：$8 \cdot T_3 + 1 = 8 \cdot 6 + 1 = 48 + 1 = 49 = 7^2$。我们也可以尝试第 7 个三角形数 T_7，得到：$8 \cdot T_7 + 1 = 8 \cdot 28 + 1 = 225 = 15^2$。又一次，你可以用三角形数与平方数之间的意外联系给观众带来乐趣。

7. 从 1 开始的 n 个连续立方数之和等于第 n 个三角形数的平方，即 $T_n^2 = 1^3 + 2^3 + 3^3 + 4^3 + \cdots + n^3$。作为一个例子，请考虑前 5 个立方数之和：$T_5^2 = 1^3 + 2^3 + 3^3 + 4^3 + 5^3$——在立方数与三角形数之间出现了一种联系。

8. 将三角形数与之前遇到过的回文数联系起来，我们发现有些三角形数同时也是回文数——向前读和向后读是一样的。前几个这种数是：1,3,6,55,66,171,595,666,3003,5995,8778,15 051,66 066,617 716,828 828,1 269 621,1 680 861,3 544 453,5 073 705,5 676 765,6 295 926,35 155 153,61 477 416,178 727 871,1 264 114 621,1 634 004 361 等。

9. 我们发现有无穷多个三角形数本身也是平方数，这再次将三角形数与平方数联系了起来。前几个"平方三角形数"是：$1 = 1^2, 36 = 6^2, 1225 = 35^2, 41 616 = 204^2, 1 413 721 = 1189^2, 48 024 900 = 6930^2, 1 631 432 881 = 40 391^2$ 等。

当然，我们也可以用以下公式来生成这些平方三角形数：$Q_n = 34Q_{n-1} - Q_{n-2} + 2$，其中 Q_n 表示第 n 个平方三角形数，$n \geqslant 3$。

这些平方三角形数有一个有趣的特点，所有的偶平方三角形数都是 9 的倍数。

10. 我们注意到,有一些三角形数,将其各位数字逆序时,也会产生一个三角形数,这给三角形数又增加了一些乐趣。前几个这种数是:1,3,6,10,55,66,120,153,171,190,300,351,595,630,666,820,3003,5995,8778,15 051,17 578,66 066,87 571,156 520,180 300,185 745,547 581 等。

11. 三角形数的另一个奇趣之处是,三角形数集合中的某些成员可以相互配对,这些数对的和与差也会产生三角形数。下面是这些三角形数对的几个例子:(15,21) 给出 $21 - 15 = 6, 21 + 15 = 36$,而 6 和 36 都是三角形数;(105,171) 给出 $171 - 105 = 66, 105 + 171 = 276$,而 66 和 276 也都是三角形数。

12. 为了让三角形数的特性进一步吸引观众,告诉他们,尽管三角形数有着几乎无限的各种特性,但只有 6 个三角形数可以表示为 3 个相继数的乘积。它们是 $T_3 = 6 = 1 \times 2 \times 3$, $T_{15} = 120 = 4 \times 5 \times 6, T_{20} = 210 = 5 \times 6 \times 7, T_{44} = 990 = 9 \times 10 \times 11, T_{608} = 185 136 = 56 \times 57 \times 58, T_{22 736} = 258 474 216 = 636 \times 637 \times 638$。其中,$T_{15} = 120$ 这个数特别"有天赋",因为它可以表示为 3 个、4 个和 5 个相继数的乘积,即 $T_{15} = 120 = 4 \times 5 \times 6 = 2 \times 3 \times 4 \times 5 = 1 \times 2 \times 3 \times 4 \times 5$。至今还没有发现任何一个其他具有这种性质的三角形数。在最后一个例子中,我们寻找的只是相继数,而不是像前面那样的相继三角形数。我们可以表明,有一些三角形数是两个相继数的乘积,就像下面这些例子: $T_3 = 6 = 2 \times 3, T_{20} = 210 = 14 \times 15, T_{119} = 7140 = 84 \times 85, T_{696} = 242 556 = 492 \times 493$。

13. 另一个会给大家带来乐趣的奇异现象是,只有 6 个三角形数是由同一个数字组成的,它们是:1,3,6,55,66,666。

14. 在斐波那契数中(我们已经在前面介绍过它了),只有 4 个已知的三角形数:1,3,21 和 55。

15. 要将一个正整数写成一些三角形数之和,你最多只需要 3 个这样的数。例如,前 10 个正整数可如下表示为三角形数之和:**1,2** $= 1 + 1$,**3,4** $= 1 + 3$,**5** $= 1 + 1 + 3$,**6,7** $= 1 + 6$,**8** $= 1 + 1 + 6$,**9** $= 3 + 3 + 3$,**10** $= 1 + 3 + 6$。你可以用前面展示的一些三角形数进行尝试,看看观众是否能接受挑战,找到适当的和。

16. 下面是另一个有趣的练习,即找到足够的例子来说明,一个大于 1 的整数的四次方可以表示为两个三角形数之和:

$$2^4 = 16 = 6 + 10 = 1 + 15 = T_3 + T_4 = T_1 + T_5$$

$$3^4 = 81 = T_8 + T_9 = T_5 + T_{11}$$

$$4^4 = 256 = T_{15} + T_{16} = T_{11} + T_{19}$$

$$5^4 = 625 = T_{24} + T_{25} = T_{19} + T_{29}$$

$$6^4 = 1296 = T_{35} + T_{36} = T_{29} + T_{41}$$

$$7^4 = 2401 = T_{48} + T_{49} = T_{41} + T_{55}$$

17. 三角形数还能提供更多的乐趣,比如 9 的一些连续幂之和会产生一个三角形数,下面是几个例子:

$$9^0 = T_1$$

$$9^0 + 9^1 = T_4$$

$$9^0 + 9^1 + 9^2 = T_{13}$$

$$9^0 + 9^1 + 9^2 + 9^3 = T_{40}$$

$$9^0 + 9^1 + 9^2 + 9^3 + 9^4 = T_{121}$$

18. 我们给出的最后一个关于三角形数的关系肯定能给观众带来乐趣。现在大家对三角形数已经比较熟悉了,因此这个关系可以对前面第一个关系提供补充。请注意下面这些和的模式:

$$T_1 + T_2 + T_3 = T_4$$

$$T_5 + T_6 + T_7 + T_8 = T_9 + T_{10}$$

$$T_{11} + T_{12} + T_{13} + T_{14} + T_{15} = T_{16} + T_{17} + T_{18}$$

$$T_{19} + T_{20} + T_{21} + T_{22} + T_{23} + T_{24} = T_{25} + T_{26} + T_{27} + T_{28}$$

$$T_{29} + T_{30} + T_{31} + T_{32} + T_{33} + T_{34} + T_{35} = T_{36} + T_{37} + T_{38} + T_{39} + T_{40}$$

到此时,你应该有足够的材料来用这些令人惊讶的三角形数关系给人们带来乐趣了。大多数学校课程中似乎都没有引入三角形数,而这种数却提供了一个令人愉快的洞察数学之美的视角。你还拥有许多进一步探索的机会。

一个数学猜想

学校里所教的很多数学,都有某种逻辑上的理由或证明来表明其正当性。不过,数学中有许多现象看似正确,却从未得到过证实或证明。这些现象被称为数学猜想。在某些情况下,计算机已经能够产生大量的例子来支持一个陈述的正确性,但这(令人惊讶地)并不能证明它对于所有情况都成立。要断定一个陈述是成立的,必须有一个合法的证据,证明它在所有情况下都成立!

德国数学家哥德巴赫(Christian Goldbach, 1690—1764)在 1742 年 6 月 7 日给著名瑞士数学家欧拉(Leonhard Euler, 1707—1783)的一封信中提出了也许是最著名的数学猜想之一。这个猜想困扰了数学家们好几个世纪。他在信中提出的以下陈述至今仍未被证明是正确的。这个通常被称为哥德巴赫猜想的陈述指出:

> 每一个大于 2 的偶数都可以表示为两个素数之和。

我们可以从下面列出的这些偶数与它们的素数之和开始,然后继续下去,直至自己不知不觉中相信了这张列表(看起来)会无限继续下去。

大于 2 的偶数	两个素数之和
4	2 + 2
6	3 + 3
8	3 + 5
10	3 + 7
12	5 + 7
14	7 + 7
16	5 + 11
18	7 + 11
20	7 + 13
⋮	⋮
48	19 + 29
⋮	⋮
100	3 + 97

几个世纪以来,许多著名数学家一直在试图证明这一猜想,或者以某种方式表明其合理性。1855 年,德博夫(A. Desboves)对于直至 10 000 的数验证了哥德巴赫猜想。然而,1894 年,著名的德国数学家康托尔(Georg Cantor,1845—1918)只证明了这个猜想对于到 1000 为止的所有偶数都是正确的。1940 年,皮平(N. Pipping)证明了它对于到 100 000 为止的所有偶数都是正确的。1964 年,在计算机的帮助下,这一数字扩大到 33 000 000,1965 年又扩大到 100 000 000,后来又在 1980 年扩大到 200 000 000。然后,在 1998 年,德国数学家里奇斯坦(Jörg Richstein)证明了哥德巴赫猜想对直至 400 万亿的所有偶数都是正确的。2008 年 2 月 16 日,席尔瓦(Oliveira e Silva)将这个数字扩大到了 110 亿亿(即 $1.1 \times 10^{18} = 1\ 100\ 000\ 000\ 000\ 000\ 000$)! 为证明这一猜想而提供的奖金已经达到了 100 万美元。迄今为止,还未有人领走这笔奖金,因为这一猜想从未对所有情况得以证实。哥德巴赫还有第二个猜想,是这样的:

每一个大于 5 的奇数都可以表示为三个素数之和。

同样,我们也向你呈现几个例子,你可以将这张列表继续下去,想列多长就列多长。

大于 5 的奇数	三个素数之和
7	$2+2+3$
9	$3+3+3$
11	$3+3+5$
13	$3+5+5$
15	$5+5+5$
17	$5+5+7$
19	$5+7+7$
21	$7+7+7$
⋮	⋮
51	$3+17+31$
⋮	⋮
77	$5+5+67$
⋮	⋮
101	$5+7+89$

这些未解决的问题令许多数学家干着急了几个世纪。尽管还没有找到证明，但越来越多的（借助计算机建立的）证据表明，这些猜想应该是成立的，并且没有找到任何反例。有趣的是，试图证明这些猜想的努力已经导致了数学上的一些重大发现，如果没有这一推动力，这些发现很可能就被隐藏起来了。这些猜想既能引起我们的兴趣，又提供了趣味的来源。

幂的模式

当我们取一些数(比如 1 到 20)的幂时,我们注意到,那些较大的数的个位数字有一个明确的模式。下表显示了当取最左边一列数的 2 次幂、3 次幂、4 次幂、5 次幂等时,它们的个位数字。在 2 次幂那一列中,前 10 个数内出现了一种对称性,随后每 10 个数都遵循这一对称性。这些数的 3 次幂被排列成 10 个一组,第一组的 10 个数与第二组的 10 个数具有相同的个位数字。4 次幂在每一个由 10 个数构成的区间内都有对称性,并且将前 10 个 4 次幂与第二组的 10 个 4 次幂进行比较,再次出现了相似性。最"舒适"的模式是在 5 次幂和 9 次幂中看到的。不过,在进一步检查个位数字时,会发现不同的幂之间(即在每一行中)也存在着相似性。只要不让观众做太多计算,这应该是很有乐趣的。

数	2 次幂	3 次幂	4 次幂	5 次幂	6 次幂	7 次幂	8 次幂	9 次幂
1	1	1	1	1	1	1	1	1
2	4	8	6	2	4	8	6	2
3	9	7	1	3	9	7	1	3
4	6	4	6	4	6	4	6	4
5	5	5	5	5	5	5	5	5
6	6	6	6	6	6	6	6	6
7	9	3	1	7	9	3	1	7
8	4	2	6	8	4	2	6	8
9	1	9	1	9	1	9	1	9
10	0	0	0	0	0	0	0	0
11	1	1	1	1	1	1	1	1
12	4	8	6	2	4	8	6	2
13	9	7	1	3	9	7	1	3
14	6	4	6	4	6	4	6	4
15	5	5	5	5	5	5	5	5
16	6	6	6	6	6	6	6	6
17	9	3	1	7	9	3	1	7
18	4	2	6	8	4	2	6	8
19	1	9	1	9	1	9	1	9
20	0	0	0	0	0	0	0	0

一些滑稽的计算

在刚进学校的最初几年里,我们学会了通过约分使分数比较容易处理,我们还学习了进行正确约分的各种方法。假如要求你对 $\dfrac{26}{65}$ 这个分数约分,而你按以下方式来做: $\dfrac{2\cancel{6}}{\cancel{6}5}$ 。也就是说,通过消去 6 来得到正确的答案。这个流程正确吗? 可把它推广到其他分数吗? 如果这样做可以的话,那么我们肯定受到了小学老师的不当对待,他们让我们干了更多的活来把分数约到最简。让我们来研究一下这里做了什么,看看是否可以推广。英国数学家麦克斯韦(Edwin A. Maxwell, 1907—1987)在 1959 年出版的《数学中的谬误》(*Fallacies in Mathematics*)[1]一书中,将以下的约分方式称为"滑稽的计算":

$$\frac{1\cancel{6}}{\cancel{6}4}=\frac{1}{4},\frac{2\cancel{6}}{\cancel{6}5}=\frac{2}{5}$$

当有人这样做约分但仍然得到正确的答案时,你也许只能哈哈大笑了。我们确实可以用这个不恰当却又简单的过程把下列分数约到最简: $\dfrac{16}{64},\dfrac{19}{95},\dfrac{26}{65},\dfrac{49}{98}$。

当你用常规方法把其中每一个分数都约到最简之后,人们可能会问,为什么不能用下面的方法来做?

$$\frac{1\cancel{6}}{\cancel{6}4}=\frac{1}{4}$$

$$\frac{1\cancel{9}}{\cancel{9}5}=\frac{1}{5}$$

$$\frac{2\cancel{6}}{\cancel{6}5}=\frac{2}{5}$$

$$\frac{4\cancel{9}}{\cancel{9}8}=\frac{4}{8}=\frac{1}{2}$$

---

[1]　E. A. Maxwell. *Fallacies in Mathematics*. Cambridge:University Press,1963. ——原注

在你向大家展示到这里时,他们可能会有些惊愕了。他们的第一反应可能是问:这是否可以用于任何由两位数组成的分数?你能找到另一个这种约分能行得通的(分子、分母都由两位数组成的)分数吗?你可以引用 $\frac{55}{55}=\frac{5}{5}=1$ 来描述这种约分。显而易见,这将适用于 11 的所有两位数倍数。

对那些较好掌握了初等代数知识的人,我们可以说明这种奇怪技巧的合理性,以此来"解释"这种尴尬的现象。至于这种约分是否仅对以上 4 个(由不同的两位数组成的)分数成立?我们很快就会回到这个问题上来。

请考虑分数

$$\frac{10x+a}{10a+y}$$

对于上面的 4 个约分,当约去 a 时,分数就等于 $\frac{x}{y}$。因此,

$$\frac{10x+a}{10a+y}=\frac{x}{y}$$

由此可得:

$$y(10x+a)=x(10a+y)$$
$$10xy+ay=10ax+xy$$
$$9xy+ay=10ax$$

因此,$y=\dfrac{10ax}{9x+a}$。

下面,我们来检验这个等式。x,y 和 a 必定都是正整数,因为它们是分数的分子和分母中的数字。我们的任务是要求出 a 和 x 的值,使得 y 也是整数。为了避免大量的代数运算,我们将建立一张图表来展示由等式 $y=\dfrac{10ax}{ax+a}$ 生成 y 的值。请记住,x,y 和 a 都必须是一位数。下表显示了部分 $y=\dfrac{10ax}{ax+a}$ 的值。(请注意,$x=a$ 的情况被排除在外。)

$x\backslash a$	1	2	3	4	5	6	...	9
1		$\frac{20}{11}$	$\frac{30}{12}$	$\frac{40}{13}$	$\frac{50}{14}$	$\frac{60}{15}=4$		$\frac{90}{18}=5$
2	$\frac{20}{19}$		$\frac{60}{21}$	$\frac{80}{22}$	$\frac{100}{23}$	$\frac{120}{24}=5$		
3	$\frac{30}{28}$	$\frac{60}{29}$		$\frac{120}{31}$	$\frac{150}{32}$	$\frac{180}{33}$		
4								$\frac{360}{45}=8$
⋮								
9								

这里显示了 y 的 4 个整数值,即当 $x=1$,$a=6$ 时 $y=4$;当 $x=2$,$a=6$ 时 $y=5$。这些值分别给出分数 $\frac{16}{64}$ 和 $\frac{26}{65}$。当 $x=1$,$a=9$ 时 $y=5$;当 $x=4$,$a=9$ 时 $y=8$。这些值分别给出分数 $\frac{19}{95}$ 和 $\frac{49}{98}$。这就表明了,由两位数组成的这样的分数只有 4 个。

你现在可能会想,这种奇怪的约分是否对某些分子和分母都是两位数以上的分数也成立。用 $\frac{499}{998}$ 来试试这种约分。你应该会发现 $\frac{499}{998}=\frac{4}{8}=\frac{1}{2}$。

现在,一种模式出现了,你可能会意识到,以下这些情况也符合这一规律:

$$\frac{4\!\!\!/9}{9\!\!\!/8}=\frac{4\!\!\!/9\!\!\!/9}{9\!\!\!/9\!\!\!/8}=\frac{4\!\!\!/9\!\!\!/9\!\!\!/9}{9\!\!\!/9\!\!\!/9\!\!\!/8}=\frac{4\!\!\!/9\!\!\!/9\!\!\!/9\!\!\!/9}{9\!\!\!/9\!\!\!/9\!\!\!/9\!\!\!/8}=\frac{4}{8}=\frac{1}{2}$$

$$\frac{1\!\!\!/6}{6\!\!\!/4}=\frac{1\!\!\!/6\!\!\!/6}{6\!\!\!/6\!\!\!/4}=\frac{1\!\!\!/6\!\!\!/6\!\!\!/6}{6\!\!\!/6\!\!\!/6\!\!\!/4}=\frac{1\!\!\!/6\!\!\!/6\!\!\!/6\!\!\!/6}{6\!\!\!/6\!\!\!/6\!\!\!/6\!\!\!/4}=\frac{1}{4}$$

$$\frac{1\!\!\!/9}{9\!\!\!/5}=\frac{1\!\!\!/9\!\!\!/9}{9\!\!\!/9\!\!\!/5}=\frac{1\!\!\!/9\!\!\!/9\!\!\!/9}{9\!\!\!/9\!\!\!/9\!\!\!/5}=\frac{1\!\!\!/9\!\!\!/9\!\!\!/9\!\!\!/9}{9\!\!\!/9\!\!\!/9\!\!\!/9\!\!\!/5}=\frac{1}{5}$$

$$\frac{2\!\!\!/6}{6\!\!\!/5}=\frac{2\!\!\!/6\!\!\!/6}{6\!\!\!/6\!\!\!/5}=\frac{2\!\!\!/6\!\!\!/6\!\!\!/6}{6\!\!\!/6\!\!\!/6\!\!\!/5}=\frac{2\!\!\!/6\!\!\!/6\!\!\!/6\!\!\!/6}{6\!\!\!/6\!\!\!/6\!\!\!/6\!\!\!/5}=\frac{2}{5}$$

对原来的滑稽计算所作的这些推广,热情的观众可能希望证明其合理性。如果此刻有人产生了进一步探索的愿望,想找出其他允许这种奇怪约分的分数,那么请他们考虑以下分数,然后验证这种奇怪约分的合法性。如果他们的积极性得到恰当的激发,他们可能会着手去发现更多这样的分数。

$$\frac{3\cancel{3}2}{8\cancel{3}0} = \frac{32}{80} = \frac{2}{5}$$

$$\frac{3\cancel{8}5}{8\cancel{8}0} = \frac{35}{80} = \frac{7}{16}$$

$$\frac{1\cancel{3}8}{\cancel{3}45} = \frac{18}{45} = \frac{2}{5}$$

$$\frac{2\cancel{7}5}{7\cancel{7}0} = \frac{25}{70} = \frac{5}{14}$$

$$\frac{1\cancel{63}}{\cancel{32}6} = \frac{1}{2}$$

我们对这种奇怪的方法不去作代数上的证明了,只在这里提供更多这样的"滑稽的计算":

$$\frac{48\cancel{4}}{8\cancel{4}7} = \frac{4}{7} \qquad \frac{5\cancel{4}5}{6\cancel{4}5} = \frac{5}{6} \qquad \frac{4\cancel{2}4}{7\cancel{4}2} = \frac{4}{7} \qquad \frac{249}{\cancel{9}96} = \frac{24}{96} = \frac{1}{4}$$

$$\frac{48\cancel{4}84}{8\cancel{4}847} = \frac{4}{7} \qquad \frac{5\cancel{4}545}{6\cancel{5}454} = \frac{5}{6} \qquad \frac{4\cancel{2}424}{74\cancel{2}42} = \frac{4}{7}$$

$$\frac{\cancel{32}43}{43\cancel{24}} = \frac{3}{4} \qquad \frac{6\cancel{48}6}{8\cancel{64}8} = \frac{6}{8} = \frac{3}{4}$$

$$\frac{14\cancel{714}}{\cancel{714}68} = \frac{14}{68} = \frac{7}{34} \qquad \frac{878\cancel{048}}{98\cancel{780}4} = \frac{8}{9}$$

$$\frac{1\cancel{428571}}{4\cancel{285713}} = \frac{1}{3} \qquad \frac{2\cancel{857142}}{8\cancel{571426}} = \frac{2}{6} = \frac{1}{3} \qquad \frac{3\cancel{461538}}{4\cancel{615384}} = \frac{3}{4}$$

$$\frac{\cancel{767123}287}{8\cancel{767123}28} = \frac{7}{8} \qquad \frac{\cancel{3243}243243}{4\cancel{3243}24324} = \frac{3}{4}$$

$$\frac{1\cancel{025641}}{4\cancel{102564}} = \frac{1}{4} \qquad \frac{\cancel{3243}243}{4\cancel{3243}24} = \frac{3}{4} \qquad \frac{4\cancel{571428}}{\cancel{571428}5} = \frac{4}{5}$$

$$\frac{4\cancel{848484}}{8\cancel{484847}} = \frac{4}{7} \qquad \frac{5\cancel{952380}}{9\cancel{523808}} = \frac{5}{8} \qquad \frac{4\cancel{285714}}{6\cancel{428571}} = \frac{4}{6} = \frac{2}{3}$$

逗乐百万人的趣味数学问题 **数学奇趣**

$$\frac{5\,454\,545}{6\,545\,454}=\frac{5}{6} \qquad \frac{6\,923\,076}{9\,230\,768}=\frac{6}{8}=\frac{3}{4} \qquad \frac{4\,242\,424}{7\,424\,242}=\frac{4}{7}$$

$$\frac{5\,384\,615}{7\,538\,461}=\frac{5}{7} \qquad \frac{2\,051\,282}{8\,205\,128}=\frac{2}{8}=\frac{1}{4} \qquad \frac{3\,116\,883}{8\,311\,688}=\frac{3}{8}$$

$$\frac{6\,486\,486}{8\,648\,648}=\frac{6}{8}=\frac{3}{4} \qquad \frac{484\,848\,484}{848\,484\,847}=\frac{4}{7}$$

这一奇特现象说明了初等代数如何可以被用来研究一种数论中的情况,幸运的是,对于我们来说,这也是一种相当有趣味的情况。

结果正确的打印错误

只是为了趣味性,以下给出一些结果仍然正确的打印错误。一些例子中,乘号"×"没有打印出来或放错了位置,例如:

$$73 \times 9 \times 42 = 7 \times 3942$$

$$73 \times 9 \times 420 = 7 \times 39\ 420$$

另一些例子中,乘号"×"和指数没有打印出来,例如:

$$2^5 \times \frac{25}{31} = 25\frac{25}{31}$$

$$2^5 \times 9^2 = 2592$$

$$3^4 \times 425 = 34\ 425$$

$$3^4 \times 4250 = 344\ 250$$

$$11^2 \times 9\frac{1}{3} = 1129\frac{1}{3}$$

$$21^2 \times 4\frac{9}{11} = 2124\frac{9}{11}$$

$$13^2 \times 7\frac{6}{7} = 1327\frac{6}{7}$$

在这些奇怪的打印错误中,也有一些非常复杂的例子,例如

$$13^2 \times 7\ 857\ 142\frac{6}{7} = 1\ 327\ 857\ 142\frac{6}{7}$$

还有更多这样的奇怪巧合,其中的符号被误删或误放,但仍然得到正确的结果。我们提供这些巧合仅仅是作为一个趣味活动!

错误的算术

想象一个小学生正在学习分数乘法,他发现下面这个等式似乎是正确的:$\frac{1}{4} \times \frac{8}{5} = \frac{18}{45} = \frac{2}{5}$。换句话说,这位学生觉得要做乘法,只需要把分子和分母中的数字组合起来就可以得到正确的答案,因为显然 $\frac{1}{4} \times \frac{8}{5} = \frac{8}{20} = \frac{2}{5}$。你认为这样做是行不通的,但这位学生却不相信你的推理,于是向你展示了这种方法可行的另一个例子,比如 $\frac{2}{6} \times \frac{6}{5} = \frac{26}{65} = \frac{2}{5}$。这是否意味着,这位学生想出了一种分数相乘的新方法? 这肯定会引发观众们的一些思考。这位学生很可能还会说,我们可以把这两个分数上下颠倒,而这种方法仍然有效,正如我们看到的,$\frac{6}{2} \times \frac{5}{6} = \frac{65}{26} = \frac{5}{2}$,这是一个用错误过程得出的正确结果。这种方法可行的例子有 14 个,你可以通过它们来展示这种奇怪的、不正确的乘法的局限性。这些例子中的 7 个如下:

$$\frac{1}{4} \times \frac{8}{5} = \frac{18}{45}, \frac{1}{2} \times \frac{5}{4} = \frac{15}{24}, \frac{1}{6} \times \frac{4}{3} = \frac{14}{63}, \frac{1}{6} \times \frac{6}{4} = \frac{16}{64},$$

$$\frac{1}{9} \times \frac{9}{5} = \frac{19}{95}, \frac{4}{9} \times \frac{9}{8} = \frac{49}{98}, \frac{2}{6} \times \frac{6}{5} = \frac{26}{65}$$

其中每一个等式都可以上下颠倒,于是得到另外 7 个这样的例子。若要求两个分数中的数字不一样,那么使用简单的代数,我们就可以证明这是仅有的一些例子。你可以设 a, b, c, d 是 1—9 之间的数字,从而有 $\frac{a}{b} \times \frac{c}{d} = \frac{10a+c}{10b+d}$,然后将其简化为等式 $ac(10b+d) = bd(10a+c)$,这样就能导出上面的 7 个例子和将它们倒过来的另外 7 个例子。

无处不在的 6174

在我们的十进制系统中,有一些数具有独特的性质。6147 就是一个这样的数。为了展示它的奇怪特性,我们首先选择任何一个四位数,其中各位数字不都相同。按照下面提供的流程,每个人从任何一个这样的四位数开始,最后都会得到同一个数:6174。为了减少分心,计算器在这里会很有用。

1. 首先选择任何一个四位数——只是各位数字不能都相同;

2. 重新排列该数的各位数字,使它们构成尽可能最大的数(换言之,即按各位数字的降序排列写出这个数);

3. 再次重新排列这个数的各位数字,使它们构成尽可能最小的数(也就是说,按各位数字的升序排列写出这个数,零可以占据前几位);

4. 将这两个数相减(显然是用大的减去小的);

5. 用得到的差继续这一过程,并不断重复,直到你注意到一些妨碍你继续下去的事情发生。在不寻常的事情发生之前,不要放弃。

如果你向一群人展示这个有趣的联系,那么每位成员最终都会得到 **6174** 这个数——可能只经过一次相减,也可能经过好几次相减。一旦他们到达 6174 这个数,就会发现自己陷入了一个无休止的循环,这意味着如果用 6174 这个数继续这一流程,那么他们会继续得到 6174。请记住,所有参与者都会从一个任意选择的数开始。尽管有些读者可能会有积极性对此进行更深入的研究,但其他人只会心怀敬畏地坐在那里。

下面是一个例子,说明如果我们任意选定的起始数是 3927,这一流程是如何进行的:

> 由这些数字组成的最大的数是 9732;
>
> 由这些数字组成的最小的数是 2379;
>
> 它们的差是 7353。

现在我们使用 7353 这个数继续这一流程:

> 由这些数字组成的最大的数是 7533;
>
> 由这些数字组成的最小的数是 3357;
>
> 它们的差是 4176。

我们再次重复这个流程：

> 由这些数字组成的最大的数是 7641；
>
> 由这些数字组成的最小的数是 1467；
>
> 它们的差是 6174。

当我们到达 6174 后，这个数就不断地重新出现。请注意，由这些数字组成的最大的数为 7641，最小的数为 1467，而我们在上面看到，它们的差为 6174。所有这些都是从一个任意选择的四位数开始的，而最后总是会得到 6174 这个数，然后你就进入了一个无休止的循环，不断地回到 6174。这个数的不寻常显然会给观众带来乐趣。

这个精巧的循环是由印度数学家卡普雷卡尔在 1946 年首次发现的①。我们常常把 6174 这个数称为卡普雷卡尔常数（Kaprekar constant）。

顺便说一下，6174 这个数也可以被它的各位数字之和整除：

$$\frac{6174}{6+1+7+4} = \frac{6174}{18} = 343。$$

---

① 1949 年，卡普雷卡尔在马德拉斯数学会议上宣布了这一发现。1953 年，他在《数学论文集》(*Scripta Mathematica*) 中发表了一篇题为"关于数字逆序的问题"(*Problems involving reversal of digits*)的论文；另请参见 Kaprekar, D. R. An Interesting Property of the Number 6174. *Scripta Math.* 15(1955)，244－245。——原注

卡普雷卡尔常数的一些变化形式

- 如果你选择一个两位数（两位数字不能相同），那么卡普雷卡尔常数会是 81，你最后会陷入一个长度为 5 的循环：[81，63，27，45，09（，81）]①。

  对于两位数，不存在之前那种长度为 1 的循环。

- 如果你选择一个三位数（各位数字不都相同），那么卡普雷卡尔常数会是 495，你最后会陷入一个长度为 1 的循环：[495（，495）]。

- 如果你选择一个四位数（各位数字不都相同），那么卡普雷卡尔常数会是 6174（正如我们之前所看到的那样），你最后会陷入一个长度为 1 的循环：[6174（，6174）]。

- 如果你选择一个五位数（各位数字不都相同），那么就会有 3 个卡普雷卡尔常数：53 955，61 974 和 62 964。

  其中一个的循环长度为 2：[53 955，59 994（，53 955）]；

  另外两个的循环长度为 4：[61 974，82 962，75 933，63 954（，61 974）]

  [62 964，71 973，83 952，74 943（，62 964）]

你可以用六位数来执行这一流程，结果也会发现自己陷入了一个循环。可能引导你陷入循环的一个数是 840 852，但是不要让它阻止你进一步研究这一数学奇趣②。例如，考虑一下每个差的各位数字之和。由于被减数和减数的各位数字之和是相同的，因此它们的差的各位数字之和必定是 9 的倍数。对于三位数和四位数，差的各位数字之和是 18。在五

---

① （，81）表示到了 81 这个数就又开始循环了，其他情况意思相同。——译注

② 如果你选择一个六位数（各位数字不都相同），那么会有 3 个卡普雷卡尔常数：549 945，631 764 和 420 876。

长度为 1 的有两个：[549 945（，549 945）]，[631 764（，631 764）]，长度为 7 的有一个：[420 876，851 742，750 843，840 852，860 832，862 632，642 654（，420 876）]。

如果你选择一个七位数（各位数字不都相同），那么只有一个卡普雷卡尔常数：7 509 843。有一个长度为 8 的循环：[7 509 843，9 529 641，8 719 722，8 649 432，7 519 743，8 429 652，7 619 733，8 439 552（，7 509 843）]。——原注

位数和六位数的情况下,差的各位数字之和似乎是27。对于七位数和八位数,差的各位数字之和是36。是的,你会发现,当将这一技巧用于九位数和十位数时,差的各位数字之和是45。当你检查更大的数,看看它们的差的各位数字之和等于多少时,你会收获惊喜。

特别的 1089

还有其他一些数也能很好地展示出一种独特的情况。其中之一是1089 这个数。向观众展示以下流程必定会给他们带来乐趣，因为无论从哪个数开始，这个流程总是终结于 1089 这个数。假设我们任意选择一个个位和百位数字不相同的三位数。下面请一步一步地遵循流程，最后欣赏意想不到的结果。

- 任意选择一个三位数（它的个位和百位数字不相同），

  假设我们选择的数是 **835**；
- 将所选的这个数的各位数字逆序，

  得到的数是：**538**；
- 将这两个数相减（当然是用大的减去小的），

  差是：835 − 538 = **297**；
- 再一次将这个差的各位数字逆序，

  得到的数是：**792**；
- 把最后两个数相加，

  和是：297 + 792 = **1089**。

如果你让一群人尝试这一流程，每个人都选择一个不同的三位数，那么最后每个人都会得到与我们相同的结果，即 1089。如果有人声称他们得到了一个不同的数，那么显然是他犯了计算错误！在任何情况下，人们都会惊讶于不管最初选择了哪个数，最后都会得到与我们相同的结果：1089。

如果原来的三位数有相同的个位和百位数字，那么在经过第一次相减之后就会得到 0。比如说对于起始数为 373 的情况，373 − 373 = 0，这会破坏我们的模型。在继续下去之前，先让自己确信这一过程对其他的数也有效。这是怎么发生的？是这个数具有一种"怪异性质"吗？还是我们在计算中做了什么不正当的事情？

要阐明这一奇异数学现象，就要依赖于运算。我们的猜想是，选择任何一个符合要求的数都会指向 1089。怎么来确定这一点？好吧，我们可以尝试所有可能的三位数,看看这个结论是否成立。这会很乏味,也不是特别优雅。其实,对这种奇异现象的探究只需要一些初等代数知识。如果我们尝试测试所有的可能性,那么确定有多少个这样的三位数适用于这一流程会很有趣。请记住,我们只能使用那些个位和百位数字不一样的三位数。

对于那些可能对这一现象感到好奇的读者,我们将提供一个代数解释,说明它为什么会"奏效"。我们将一个任意选择的三位数 **htu** 表示为 $100h + 10t + u$,其中 h 表示百位上的数字,t 表示十位上的数字,u 表示个位上的数字。

不妨设 $h > u$,因为在你选择的数和它的逆序数中必有一个数能满足这一点。

在相减过程中,由于 $u - h < 0$,因此要从(被减数的)十位借 1,使个位变为 $10 + u$。由于做减法运算的两个数的十位是相等的,而被减数的十位在被借位后减去了 1,因此这一位的值就是 $10(t - 1)$。被减数的百位上成了 $h - 1$,因为要从百位借 1 才能做十位上的减法,这样就使十位的值成为 $10(t - 1) + 100 = 10(t + 9)$。

我们现在可以做第一个减法:

$$
\begin{array}{r}
100(h-1) \quad\quad +10(t+9) \quad\quad +(u+10) \\
-\quad 100u \quad\quad\quad\quad +10t \quad\quad\quad\quad\quad +h \\
\hline
100(h-u-1) \quad\quad +10\times 9 \quad\quad +u-h+10
\end{array}
$$

将这个差的各位数字逆序,我们就得到

$$100(u - h + 10) + 10 \times 9 + (h - u - 1)$$

现在将最后这两个表达式相加,就得到:

$$100 \times 9 + 10 \times 18 + (10 - 1) = \underline{1089}$$

一定要向大家强调,不管这个有趣的奇异过程中使用的是哪个数,代数都能够让我们检查其中的算术过程。

在我们离开 1089 这个数前,我们应该向被这些惊喜迷住的热情观众们指出,这个数字还有另一个奇异之处,即 $33^2 = 1089 = 65^2 - 56^2$,这个特性在两位数中是独一无二的。现在,你一定会承认 1089 这个数有一种特殊的美。它足够吸引你了吗?如果你还不认为 1089 这个数足够特殊,那么请继续看下去。

1089 这个数还表现出另一种有趣的数字模式。当我们将 1089 乘以从 1 到 9 的每一个数字时,所得的乘积有一个非常奇怪的性质:个位数字从 9 开始每次减少 1,十位数字从 8 开始每次减少 1,百位数字从 0 开始每次增加 1,千位数字从 1 开始每次增加 1。

1×1089	1089
2×1089	2178
3×1089	3267
4×1089	4356
5×1089	5445
6×1089	6534
7×1089	7623
8×1089	8712
9×1089	9801

另外,值得注意的是,上面最后一项表明 9801 是它的逆序数 1089 的一个倍数。你可能想进一步吸引你的观众,那么你可以告诉他们,只有一个由 5 个不同数字构成的数,其逆序数是它的倍数。这个数是 21 978,而 $4 \times 21\ 978 = 87\ 912$ 是它的逆序数。1089 这个数产生了一些结构相似的数,提供了更多能为观众带来乐趣的素材。

你还记得 $1089 \times 9 = 9801$,这是原数的逆序数。同样的属性对 $10\ 989 \times 9 = 98\ 901$ 也成立。与此类似,$109\ 989 \times 9 = 989\ 901$。你应该看出,我们改变了原来的数 1089,在它的中间插入一个 9,得到 10 **9**89,然后又在 1089 中间插入 99,得到 109 **9**89。由此可以很好地推出这样的结论:以下每个数都具有相同的属性:1 0**99** 989,10 **999** 989,109 **999** 989,1 0**99 999** 989,10 **999 999** 989,以此类推。

事实上,除 1089 外只有一个由四位或更少数字构成的数,其逆序数是原数的倍数,那就是 2178 这个数(它正好等于 2×1089),而 $2178 \times 4 =$ 8712。如果我们能像上面的例子那样扩展它,在各位数字的中间插入 9 来生成其他具有相同属性的数,那不是很好吗? 是的,以下各式都成立:

$$21\ 978 \times 4 = 87\ 912$$

$$219\ 978 \times 4 = 879\ 912$$

$$2\ 199\ 978 \times 4 = 8\ 799\ 912$$

$$21\ 999\ 978 \times 4 = 87\ 999\ 912$$

$$219\ 999\ 978 \times 4 = 879\ 999\ 912$$

$$2\ 199\ 999\ 978 \times 4 = 8\ 799\ 999\ 912$$

$$\vdots$$

挡不住的 10 989 及其他

之前的操作还可以扩展到更大的数。数学中有许多奇异的现象，既能激发研究，又能提供乐趣。我们在这里考虑其中之一。这一奇异现象会引发读者去探究其原因，而它也会给读者提供一个可以与朋友们分享的逗趣小特性。假设你让朋友在一张纸上写下任何一个四位数，它的第一位和最后一位的数字之差要大于1。然后让他交换第一位和最后一位数字。接下来，将这两个数中较大的减去较小的。再次交换这个相减结果的第一位和最后一位数字，然后将刚刚得到的这两个数相加。他们应该得到 10 989 这个数。

为了说明其中的原理，我们随机选择一个四位数，它的个位数字和千位数字之差大于1。假设我们选择的数是 5367。按照前面所描述的流程，我们将交换第一位和最后一位数字，从而得到 7365 这个数。然后将这两个数相减，得到 7365 – 5367 = 1998。我们再次交换第一位和最后一位数字，得到 8991，然后把这个数与之前得到的那个数相加，就得到 1998 + 8991 = 10 989，正如预期的那样！

让我们用五位数 97 356 来尝试这一过程。在交换第一位和最后一位数字后，我们得到的数是 67 359。现在将这两个数相减，得到 97 356 – 67 359 = 29 997。然后交换第一位和最后一位数字，得到 79 992。现在，将最后两个数相加，得到 29 997 + 79 992 = 109 989。不管我们从哪个五位数开始，这总是最终结果。

如果你想给朋友们留下更深刻的印象，那么就让他们选择一个六位数，并遵循同样的流程。他们总会发现最终结果是 1 099 989。如果我们从一个七位数开始，那么结果将类似地为 10 999 989。于是，对于更大的数，相同的模式也会继续下去。这一经历可以引起人们对数字本质的真正兴趣，当然也可以使数学变得生动起来。

乌拉姆—克拉兹猜想

有些时候,我们认为自然界的美是有魔力的。自然界真的有魔力吗?有些人觉得,当某件事物真正令人惊讶且极其"巧妙"时,它就是美的。从这个观点出发,我们将展示数学中的一个看似"有魔力"的特性。这是一个困扰了数学家多年的问题,但至今仍然没有人知道它为什么会发生。试试看吧,你会喜欢它的。

首先,我们要求你在处理一个任意选定的数时遵循以下两条规则。

若该数是奇数,则将其乘以3再加1。

若该数是偶数,则将其除以2。

不管你选定的是哪个数,在不断重复这一过程之后,你最终总会得到数字1。这被称为乌拉姆—克拉兹猜想(Ulam-Collatz Conjecture)。这又是一件会令观众惊叹的事情,尤其是当他们意识到每个人都是从不同的数开始时。

让我们用任意选择的数7来尝试一下:

7是奇数,因此将其乘以3再加1,得到:$7 \times 3 + 1 = \mathbf{22}$。

22是偶数,因此我们将其除以2,得到**11**。

11是奇数,因此将其乘以3再加1,得到**34**。

34是偶数,因此将其除以2,得到**17**。

17是奇数,因此将其乘以3再加1,得到**52**。

52是偶数,因此将其除以2,得到**26**。

26是偶数,因此将其除以2,得到**13**。

13是奇数,因此将其乘以3再加1,得到**40**。

40是偶数,因此将其除以2,得到**20**。

20是偶数,因此将其除以2,得到**10**。

10是偶数,因此将其除以2,得到**5**。

5是奇数,因此将其乘以3再加1,得到**16**。

16是偶数,因此将其除以2,得到**8**。

8是偶数,因此将其除以2,得到**4**。

4 是偶数,因此将其除以 2,得到 **2**。

2 是偶数,因此将其除以 2,得到 **1**。

如果我们继续下去,就会发现自己陷入了一个循环。

继续做下去,你就会看到这一点:1 是奇数,因此将其乘以 3 再加 1,得到 **4**;4 是偶数,因此将其除以 2,得到 **2**;2 是偶数,因此将其除以 2,于是再次得到了 **1**!我们在经过 16 步后得到了 1,而如果我们从 1 开始继续这个过程,就会引导我们再次回到 4,然后再次回到 1。我们陷入了一个循环!

因此,我们得到数列 7,22,11,34,17,52,26,13,40,20,10,5,16,8,**4**,**2**,**1**,**4**,**2**,**1**,…。

为了给你提供一些指导(也许还有一些鼓励),我们提供了一张列表,其中列出了从每个数 n 到达最后的 1 所经过的步骤,即 $n = 0,1,2,\cdots,100$ 的乌拉姆—克拉兹数列。

n	乌拉姆—克拉兹数列
0	[0,0]
1	[1,4,2,1] = [1,**4**,**2**,**1**(,4)]
2	[2,1,4,2] = [2,1,**4**,**2**,**1**(,4)]
3	[3,10,5,16,8,**4**,**2**,**1**(,4)]
4	[**4**,**2**,**1**(,4)]
5	[5,16,8,**4**,**2**,**1**(,4)]
6	[6,3,10,5,16,8,**4**,**2**,**1**(,4)]
7	[7,22,11,34,17,52,26,13,40,20,10,5,16,8,**4**,**2**,**1**(,4)]
8	[8,**4**,**2**,**1**(,4)]
9	[9,28,14,7,22,11,34,17,52,26,13,40,20,10,5,16,8,**4**,**2**,**1**(,4)]
10	[10,5,16,8,**4**,**2**,**1**(,4)]
11	[11,34,17,52,26,13,40,20,10,5,16,8,**4**,**2**,**1**(,4)]
12	[12,6,3,10,5,16,8,**4**,**2**,**1**(,4)]
13	[13,40,20,10,5,16,8,**4**,**2**,**1**(,4)]
14	[14,7,22,11,34,17,52,26,13,40,20,10,5,16,8,**4**,**2**,**1**(,4)]
15	[15,46,23,70,35,106,53,160,80,40,20,10,5,16,8,**4**,**2**,**1**(,4)]
16	[16,8,**4**,**2**,**1**(,4)]

n	乌拉姆—克拉兹数列
17	［17,52,26,13,40,20,10,5,16,8,**4**,**2**,**1**(,4)］
18	［18,9,28,14,7,22,11,34,17,52,26,13,40,20,10,5,16,8,**4**,**2**,**1**(,4)］
19	［19,58,29,88,44,22,11,34,17,52,26,13,40,20,10,5,16,8,**4**,**2**,**1**(,4)］
20	20,10,5,16,8,**4**,**2**,**1**(,4)］
21	［21,64,32,16,8,**4**,**2**,**1**(,4)］
22	［22,11,34,17,52,26,13,40,20,10,5,16,8,**4**,**2**,**1**(,4)］
23	［23,70,35,106,53,160,80,40,20,10,5,16,8,**4**,**2**,**1**(,4)］
24	［24,12,6,3,10,5,16,8,**4**,**2**,**1**(,4)］
25	［25,76,38,19,58,29,88,44,22,11,34,17,52,26,13,40,20,10,5,16,8,**4**, **2**,**1**(,4)］
26	［26,13,40,20,10,5,16,8,**4**,**2**,**1**(,4)］
27	［27,82,41,124,62,31,94,47,142,71,214,107,322,161,484,242,121,364, 182,91,274,137,412,206,103,310,155,466,233,700,350,175,526,263, 790,395,1186,593,1780,890,445,1336,668,334,167,502,251,754,377, 1132,566,283,850,425,1276,638,319,958,479,1438,719,2158,1079, 3238,1619,4858,2429,7288,3644,1822,911,2734,1367,4102,2051, 6154,3077,9232,4616,2308,1154,577,1732,866,433,1300,650,325, 976,488,244,122,61,184,92,46,23,70,35,106,53,160,80,40,20,10,5, 16,8,**4**,**2**,**1**(,4)］
28	［28,14,7,22,11,34,17,52,26,13,40,20,10,5,16,8,**4**,**2**,**1**(,4)］
29	［29,88,44,22,11,34,17,52,26,13,40,20,10,5,16,8,**4**,**2**,**1**(,4)］
30	［30,15,46,23,70,35,106,53,160,80,40,20,10,5,16,8,**4**,**2**,**1**(,4)］
31	［31,94,47,142,71,214,107,322,161,484,242,121,364,182,91,274,137, 412,206,103,310,155,466,233,700,350,175,526,263,790,395,1186, 593,1780,890,445,1336,668,334,167,502,251,754,377,1132,566,283, 850,425,1276,638,319,958,479,1438,719,2158,1079,3238,1619,4858, 2429,7288,3644,1822,911,2734,1367,4102,2051,6154,3077,9232, 4616,2308,1154,577,1732,866,433,1300,650,325,976,488,244,122, 61,184,92,46,23,70,35,106,53,160,80,40,20,10,5,16,8,**4**,**2**,**1**(,4)］

n	乌拉姆—克拉兹数列
32	$[32,16,8,\textbf{4},\textbf{2},\textbf{1}(\,,4)]$
33	$[33,100,50,25,76,38,19,58,29,88,44,22,11,34,17,52,26,13,40,20,10,$ $5,16,8,\textbf{4},\textbf{2},\textbf{1}(\,,4)]$
34	$[34,17,52,26,13,40,20,10,5,16,8,\textbf{4},\textbf{2},\textbf{1}(\,,4)]$
35	$[35,106,53,160,80,40,20,10,5,16,8,\textbf{4},\textbf{2},\textbf{1}(\,,4)]$
36	$[36,18,9,28,14,7,22,11,34,17,52,26,13,40,20,10,5,16,8,\textbf{4},\textbf{2},\textbf{1}(\,,4)]$
37	$[37,112,56,28,14,7,22,11,34,17,52,26,13,40,20,10,5,16,8,\textbf{4},\textbf{2},\textbf{1}(\,,4)]$
38	$[38,19,58,29,88,44,22,11,34,17,52,26,13,40,20,10,5,16,8,\textbf{4},\textbf{2},\textbf{1}(\,,4)]$
39	$[39,118,59,178,89,268,134,67,202,101,304,152,76,38,19,58,29,88,$ $44,22,11,34,17,52,26,13,40,20,10,5,16,8,\textbf{4},\textbf{2},\textbf{1}(\,,4)]$
40	$40,20,10,5,16,8,\textbf{4},\textbf{2},\textbf{1}(\,,4)]$
41	$41,124,62,31,94,47,142,71,214,107,322,161,484,242,121,364,182,91,$ $274,137,412,206,103,310,155,466,233,700,350,175,526,263,790,395,$ $1186,593,1780,890,445,1336,668,334,167,502,251,754,377,1132,566,$ $283,850,425,1276,638,319,958,479,1438,719,2158,1079,3238,1619,$ $4858,2429,7288,3644,1822,911,2734,1367,4102,2051,6154,3077,9232,$ $4616,2308,1154,577,1732,866,433,1300,650,325,976,488,244,122,61,$ $184,92,46,23,70,35,106,53,160,80,40,20,10,5,16,8,\textbf{4},\textbf{2},\textbf{1}(\,,4)]$
42	$[42,21,64,32,16,8,\textbf{4},\textbf{2},\textbf{1}(\,,4)]$
43	$[43,130,65,196,98,49,148,74,37,112,56,28,14,7,22,11,34,17,52,26,$ $13,40,20,10,5,16,8,\textbf{4},\textbf{2},\textbf{1}(\,,4)]$
44	$4[44,22,11,34,17,52,26,13,40,20,10,5,16,8,\textbf{4},\textbf{2},\textbf{1}(\,,4)]$
45	$[45,136,68,34,17,52,26,13,40,20,10,5,16,8,\textbf{4},\textbf{2},\textbf{1}(\,,4)]$
46	$[46,23,70,35,106,53,160,80,40,20,10,5,16,8,\textbf{4},\textbf{2},\textbf{1}(\,,4)]$
47	$[47,142,71,214,107,322,161,484,242,121,364,182,91,274,137,412,$ $206,103,310,155,466,233,700,350,175,526,263,790,395,1186,593,$ $1780,890,445,1336,668,334,167,502,251,754,377,1132,566,283,850,$ $425,1276,638,319,958,479,1438,719,2158,1079,3238,1619,4858,$ $2429,7288,3644,1822,911,2734,1367,4102,2051,6154,3077,9232,$ $4616,2308,1154,577,1732,866,433,1300,650,325,976,488,244,122,$ $61,184,92,46,23,70,35,106,53,160,80,40,20,10,5,16,8,\textbf{4},\textbf{2},\textbf{1}(\,,4)]$

n	乌拉姆—克拉兹数列
48	$[48,24,12,6,3,10,5,16,8,\textbf{4},\textbf{2},\textbf{1}(,4)]$
49	$[49,148,74,37,112,56,28,14,7,22,11,34,17,52,26,13,40,20,10,5,16,$ $8,\textbf{4},\textbf{2},\textbf{1}(,4)]$
50	$[50,25,76,38,19,58,29,88,44,22,11,34,17,52,26,13,40,20,10,5,16,8,$ $\textbf{4},\textbf{2},\textbf{1}(,4)]$
51	$[51,154,77,232,116,58,29,88,44,22,11,34,17,52,26,13,40,20,10,5,$ $16,8,\textbf{4},\textbf{2},\textbf{1}(,4)]$
52	$[52,26,13,40,20,10,5,16,8,\textbf{4},\textbf{2},\textbf{1}(,4)]$
53	$[53,160,80,40,20,10,5,16,8,\textbf{4},\textbf{2},\textbf{1}(,4)]$
54	$[54,27,82,41,124,62,31,94,47,142,71,214,107,322,161,484,242,121,$ $364,182,91,274,137,412,206,103,310,155,466,233,700,350,175,526,$ $263,790,395,1186,593,1780,890,445,1336,668,334,167,502,251,754,$ $377,1132,566,283,850,425,1276,638,319,958,479,1438,719,2158,$ $1079,3238,1619,4858,2429,7288,3644,1822,911,2734,1367,4102,$ $2051,6154,3077,9232,4616,2308,1154,577,1732,866,433,1300,650,$ $325,976,488,244,122,61,184,92,46,23,70,35,106,53,160,80,40,20,$ $10,5,16,8,\textbf{4},\textbf{2},\textbf{1}(,4)]$
55	$[55,166,83,250,125,376,188,94,47,142,71,214,107,322,161,484,242,$ $121,364,182,91,274,137,412,206,103,310,155,466,233,700,350,175,$ $526,263,790,395,1186,593,1780,890,445,1336,668,334,167,502,251,$ $754,377,1132,566,283,850,425,1276,638,319,958,479,1438,719,$ $2158,1079,3238,1619,4858,2429,7288,3644,1822,911,2734,1367,$ $4102,2051,6154,3077,9232,4616,2308,1154,577,1732,866,433,1300,$ $650,325,976,488,244,122,61,184,92,46,23,70,35,106,53,160,80,40,$ $20,10,5,16,8,\textbf{4},\textbf{2},\textbf{1}(,4)]$
56	$[56,28,14,7,22,11,34,17,52,26,13,40,20,10,5,16,8,\textbf{4},\textbf{2},\textbf{1}(,4)]$
57	$[57,172,86,43,130,65,196,98,49,148,74,37,112,56,28,14,7,22,11,34,$ $17,52,26,13,40,20,10,5,16,8,\textbf{4},\textbf{2},\textbf{1}(,4)]$
58	$[58,29,88,44,22,11,34,17,52,26,13,40,20,10,5,16,8,\textbf{4},\textbf{2},\textbf{1}(,4)]$

n	乌拉姆—克拉兹数列
59	$[59,178,89,268,134,67,202,101,304,152,76,38,19,58,29,88,44,22,11,$ $34,17,52,26,13,40,20,10,5,16,8,\mathbf{4},\mathbf{2},\mathbf{1}(,4)]$
60	$[60,30,15,46,23,70,35,106,53,160,80,40,20,10,5,16,8,\mathbf{4},\mathbf{2},\mathbf{1}(,4)]$
61	$[61,184,92,46,23,70,35,106,53,160,80,40,20,10,5,16,8,\mathbf{4},\mathbf{2},\mathbf{1}(,4)]$
62	$[62,31,94,47,142,71,214,107,322,161,484,242,121,364,182,91,274,$ $137,412,206,103,310,155,466,233,700,350,175,526,263,790,395,$ $1186,593,1780,890,445,1336,668,334,167,502,251,754,377,1132,$ $566,283,850,425,1276,638,319,958,479,1438,719,2158,1079,3238,$ $1619,4858,2429,7288,3644,1822,911,2734,1367,4102,2051,6154,$ $3077,9232,4616,2308,1154,577,1732,866,433,1300,650,325,976,488,$ $244,122,61,184,92,46,23,70,35,106,53,160,80,40,20,10,5,16,8,\mathbf{4},$ $\mathbf{2},\mathbf{1}(,4)]$
63	$[63,190,95,286,143,430,215,646,323,970,485,1456,728,364,182,91,$ $274,137,412,206,103,310,155,466,233,700,350,175,526,263,790,$ $395,1186,593,1780,890,445,1336,668,334,167,502,251,754,377,$ $1132,566,283,850,425,1276,638,319,958,479,1438,719,2158,1079,$ $3238,1619,4858,2429,7288,3644,1822,911,2734,1367,4102,2051,$ $6154,3077,9232,4616,2308,1154,577,1732,866,433,1300,650,325,$ $976,488,244,122,61,184,92,46,23,70,35,106,53,160,80,40,20,10,5,$ $16,8,\mathbf{4},\mathbf{2},\mathbf{1}(,4)]$
64	$[64,32,16,8,\mathbf{4},\mathbf{2},\mathbf{1}(,4)]$
65	$[65,196,98,49,148,74,37,112,56,28,14,7,22,11,34,17,52,26,13,40,$ $20,10,5,16,8,\mathbf{4},\mathbf{2},\mathbf{1}(,4)]$
66	$[66,33,100,50,25,76,38,19,58,29,88,44,22,11,34,17,52,26,13,40,20,$ $10,5,16,8,\mathbf{4},\mathbf{2},\mathbf{1}(,4)]$
67	$[67,202,101,304,152,76,38,19,58,29,88,44,22,11,34,17,52,26,13,40,$ $20,10,5,16,8,\mathbf{4},\mathbf{2},\mathbf{1}(,4)]$
68	$[68,34,17,52,26,13,40,20,10,5,16,8,\mathbf{4},\mathbf{2},\mathbf{1}(,4)]$

n	乌拉姆—克拉兹数列
69	[69,208,104,52,26,13,40,20,10,5,16,8,**4**,**2**,**1**(,4)]
70	[70,35,106,53,160,80,40,20,10,5,16,8,**4**,**2**,**1**(,4)]
71	[71,214,107,322,161,484,242,121,364,182,91,274,137,412,206,103, 310,155,466,233,700,350,175,526,263,790,395,1186,593,1780,890, 445,1336,668,334,167,502,251,754,377,1132,566,283,850,425,1276, 638,319,958,479,1438,719,2158,1079,3238,1619,4858,2429,7288, 3644,1822,911,2734,1367,4102,2051,6154,3077,9232,4616,2308, 1154,577,1732,866,433,1300,650,325,976,488,244,122,61,184,92, 46,23,70,35,106,53,160,80,40,20,10,5,16,8,**4**,**2**,**1**(,4)]
72	[72,36,18,9,28,14,7,22,11,34,17,52,26,13,40,20,10,5,16,8,**4**,**2**,**1**(,4)]
73	[73,220,110,55,166,83,250,125,376,188,94,47,142,71,214,107,322, 161,484,242,121,364,182,91,274,137,412,206,103,310,155,466,233, 700,350,175,526,263,790,395,1186,593,1780,890,445,1336,668,334, 167,502,251,754,377,1132,566,283,850,425,1276,638,319,958,479, 1438,719,2158,1079,3238,1619,4858,2429,7288,3644,1822,911,2734, 1367,4102,2051,6154,3077,9232,4616,2308,1154,577,1732,866,433, 1300,650,325,976,488,244,122,61,184,92,46,23,70,35,106,53,160, 80,40,20,10,5,16,8,**4**,**2**,**1**(,4)]
74	[74,37,112,56,28,14,7,22,11,34,17,52,26,13,40,20,10,5,16,8,**4**,**2**,**1**(,4)]
75	[75,226,113,340,170,85,256,128,64,32,16,8,**4**,**2**,**1**(,4)]
76	[76,38,19,58,29,88,44,22,11,34,17,52,26,13,40,20,10,5,16,8,**4**,**2**,**1**(,4)]
77	[77,232,116,58,29,88,44,22,11,34,17,52,26,13,40,20,10,5,16,8,**4**,**2**, **1**(,4)]
78	[78,39,118,59,178,89,268,134,67,202,101,304,152,76,38,19,58,29, 88,44,22,11,34,17,52,26,13,40,20,10,5,16,8,**4**,**2**,**1**(,4)]
79	[79,238,119,358,179,538,269,808,404,202,101,304,152,76,38,19,58, 29,88,44,22,11,34,17,52,26,13,40,20,10,5,16,8,**4**,**2**,**1**(,4)]
80	[80,40,20,10,5,16,8,**4**,**2**,**1**(,4)]

n	乌拉姆—克拉兹数列
81	$[81,244,122,61,184,92,46,23,70,35,106,53,160,80,40,20,10,5,16,8,$ $\mathbf{4},\mathbf{2},\mathbf{1}(,\mathbf{4})]$
82	$[82,41,124,62,31,94,47,142,71,214,107,322,161,484,242,121,364,$ $182,91,274,137,412,206,103,310,155,466,233,700,350,175,526,263,$ $790,395,1186,593,1780,890,445,1336,668,334,167,502,251,754,377,$ $1132,566,283,850,425,1276,638,319,958,479,1438,719,2158,1079,$ $3238,1619,4858,2429,7288,3644,1822,911,2734,1367,4102,2051,$ $6154,3077,9232,4616,2308,1154,577,1732,866,433,1300,650,325,$ $976,488,244,122,61,184,92,46,23,70,35,106,53,160,80,40,20,10,5,$ $16,8,\mathbf{4},\mathbf{2},\mathbf{1}(,\mathbf{4})]$
83	$[83,250,125,376,188,94,47,142,71,214,107,322,161,484,242,121,364,$ $182,91,274,137,412,206,103,310,155,466,233,700,350,175,526,263,$ $790,395,1186,593,1780,890,445,1336,668,334,167,502,251,754,377,$ $1132,566,283,850,425,1276,638,319,958,479,1438,719,2158,1079,$ $3238,1619,4858,2429,7288,3644,1822,911,2734,1367,4102,2051,$ $6154,3077,9232,4616,2308,1154,577,1732,866,433,1300,650,325,$ $976,488,244,122,61,184,92,46,23,70,35,106,53,160,80,40,20,10,5,$ $16,8,\mathbf{4},\mathbf{2},\mathbf{1}(,\mathbf{4})]$
84	$[84,42,21,64,32,16,8,\mathbf{4},\mathbf{2},\mathbf{1}(,\mathbf{4})]$
85	$[85,256,128,64,32,16,8,\mathbf{4},\mathbf{2},\mathbf{1}(,\mathbf{4})]$
86	$[86,43,130,65,196,98,49,148,74,37,112,56,28,14,7,22,11,34,17,52,$ $26,13,40,20,10,5,16,8,\mathbf{4},\mathbf{2},\mathbf{1}(,\mathbf{4})]$
87	$[87,262,131,394,197,592,296,148,74,37,112,56,28,14,7,22,11,34,17,$ $52,26,13,40,20,10,5,16,8,\mathbf{4},\mathbf{2},\mathbf{1}(,\mathbf{4})]$
88	$[88,44,22,11,34,17,52,26,13,40,20,10,5,16,8,\mathbf{4},\mathbf{2},\mathbf{1}(,\mathbf{4})]$
89	$[89,268,134,67,202,101,304,152,76,38,19,58,29,88,44,22,11,34,17,$ $52,26,13,40,20,10,5,16,8,\mathbf{4},\mathbf{2},\mathbf{1}(,\mathbf{4})]$
90	$[90,45,136,68,34,17,52,26,13,40,20,10,5,16,8,\mathbf{4},\mathbf{2},\mathbf{1}(,\mathbf{4})]$

n	乌拉姆—克拉兹数列
91	[91,274,137,412,206,103,310,155,466,233,700,350,175,526,263,790, 395,1186,593,1780,890,445,1336,668,334,167,502,251,754,377, 1132,566,283,850,425,1276,638,319,958,479,1438,719,2158,1079, 3238,1619,4858,2429,7288,3644,1822,911,2734,1367,4102,2051, 6154,3077,9232,4616,2308,1154,577,1732,866,433,1300,650,325, 976,488,244,122,61,184,92,46,23,70,35,106,53,160,80,40,20,10,5, 16,8,**4,2,1**(,4)]
92	[92,46,23,70,35,106,53,160,80,40,20,10,5,16,8,**4,2,1**(,4)]
93	[93,280,140,70,35,106,53,160,80,40,20,10,5,16,8,**4,2,1**(,4)]
94	[94,47,142,71,214,107,322,161,484,242,121,364,182,91,274,137,412, 206,103,310,155,466,233,700,350,175,526,263,790,395,1186,593, 1780,890,445,1336,668,334,167,502,251,754,377,1132,566,283,850, 425,1276,638,319,958,479,1438,719,2158,1079,3238,1619,4858, 2429,7288,3644,1822,911,2734,1367,4102,2051,6154,3077,9232, 4616,2308,1154,577,1732,866,433,1300,650,325,976,488,244,122, 61,184,92,46,23,70,35,106,53,160,80,40,20,10,5,16,8,**4,2,1**(,4)]
95	[95,286,143,430,215,646,323,970,485,1456,728,364,182,91,274,137, 412,206,103,310,155,466,233,700,350,175,526,263,790,395,1186, 593,1780,890,445,1336,668,334,167,502,251,754,377,1132,566,283, 850,425,1276,638,319,958,479,1438,719,2158,1079,3238,1619,4858, 2429,7288,3644,1822,911,2734,1367,4102,2051,6154,3077,9232, 4616,2308,1154,577,1732,866,433,1300,650,325,976,488,244,122, 61,184,92,46,23,70,35,106,53,160,80,40,20,10,5,16,8,**4,2,1**(,4)]
96	[96,48,24,12,6,3,10,5,16,8,**4,2,1**(,4)]
97	[97,292,146,73,220,110,55,166,83,250,125,376,188,94,47,142,71, 214,107,322,161,484,242,121,364,182,91,274,137,412,206,103,310, 155,466,233,700,350,175,526,263,790,395,1186,593,1780,890,445, 1336,668,334,167,502,251,754,377,1132,566,283,850,425,1276,638, 319,958,479,1438,719,2158,1079,3238,1619,4858,2429,7288,3644, 1822,911,2734,1367,4102,2051,6154,3077,9232,4616,2308,1154,577, 1732,866,433,1300,650,325,976,488,244,122,61,184,92,46,23,70, 35,106,53,160,80,40,20,10,5,16,8,**4,2,1**（ ,4)]

n	乌拉姆—克拉兹数列
98	[98,49,148,74,37,112,56,28,14,7,22,11,34,17,52,26,13,40,20,10,5, 16,8,**4**,**2**,**1**(,4)]
99	[99,298,149,448,224,112,56,28,14,7,22,11,34,17,52,26,13,40,20,10, 5,16,8,**4**,**2**,**1**(,4)]
100	[100,50,25,76,38,19,58,29,88,44,22,11,34,17,52,26,13,40,20,10,5, 16,8,**4**,**2**,**1**(,4)]

让一些棘手的问题变得简单

在这里,我们又遇到了另一个问题,要求我们处理异常大的数。

求以下总和的个位数字:$13^{25} + 4^{81} + 5^{411}$。

当观众们遇到这个问题时,他们可能会试图用计算器来解决。这是一项艰巨的任务,很容易出错! 这个问题的美妙之处不在于简单地得到答案,而在于找到通往答案的道路。让我们来利用寻找一个模式的策略。我们必须研究存在于 3 组不同数的幂之中的模式。这样的练习将有助于你去熟悉数的幂的最后一位数字的循环模式。

对于 13 的幂,我们得到

$$13^1 = 1\underline{3} \qquad 13^5 = 371\ 29\underline{3}$$
$$13^2 = 16\underline{9} \qquad 13^6 = 4\ 826\ 80\underline{9}$$
$$13^3 = 219\underline{7} \qquad 13^7 = 62\ 748\ 51\underline{7}$$
$$13^4 = 28\ 56\underline{1} \qquad 13^8 = 815\ 730\ 72\underline{1}$$

13 的幂的个位数字以 3,9,7,1,3,9,7,1,… 的顺序重复,周期为 4。因此 13^{25} 与 13^1 具有相同的个位数字,也就是 3。

对于 4 的幂,我们得到

$$4^1 = \underline{4} \qquad 4^4 = 102\underline{4}$$
$$4^2 = 1\underline{6} \qquad 4^6 = 409\underline{6}$$
$$4^3 = 6\underline{4} \qquad 4^7 = 16\ 38\underline{4}$$
$$4^4 = 25\underline{6} \qquad 4^8 = 65\ 53\underline{6}$$

4 的幂的个位数字以 4,6,4,6,4,6,… 的顺序重复,周期为 2。因此 4^{81} 与 4^1 具有相同的个位数字,也就是 4。

5 的幂的个位数字必定是 5(例如,$\underline{5}$,$2\underline{5}$,$12\underline{5}$,$62\underline{5}$ 等)。

因此我们要做的加法是 $3 + 4 + 5 = 12$,它的个位数字是 2。

如果有人真的想看看这个总和的值有多大,我们提供如下:

$$13^{25} + 4^{81} + 5^{411} = 18909140209225186878994290201593514880$$

71396089867573664788946748703328294969573225030606559

70557353364651247192751682985320841621044548355250113

18606705812949230644849953763685246250187369017353959

03011546120577343838510821571762132234502563535580184

93753828284395216748045179011684739722

对观众的一个挑战

这里有另一个问题,它将导致我们得到一个聪明的、令人惊叹的解答,这可能会吸引你的观众。

> 1 除以 500 000 000 000 的商是多少?

这可以重述为,求 $\dfrac{1}{500\,000\,000\,000}$ 的值。

这个问题不能用计算器来解答,因为答案包含的位数将超过显示器所允许的范围。你可以用手工计算,但由于答案中有大量的 0,计算常常会出错。不过,我们可以从一个较小的除数开始,通过逐渐增大除数,看看是否会出现一个可用的模式,由此来检验我们得到的答案。

	5 后面的 0 的个数	商	小数点后面、 2 前面的 0 的个数
$1 \div 5$	0	0.2	0
$1 \div 50$	1	0.02	1
$1 \div 500$	2	0.002	2
$1 \div 5000$	3	0.0002	3
...	...	...	...
$1 \div 500\,000\,000\,000$	11	0.000 000 000 002	11

现在很容易得到正确的答案了。小数点后面、2 前面的 0 的个数与除数中的 0 的个数相同,所以 $\dfrac{1}{500\,000\,000\,000} = 2 \times 10^{-12} = 0.2 \times 10^{-11}$。

一种令观众印象深刻的惊奇模式

首先提出以下问题,这个问题表面上看起来相当简洁,但是处理起来会有点难。

$$1^3 + 2^3 + 3^3 + 4^3 + \cdots + 9^3 + 10^3$$ 的和是多少?

你可以求出从 1 到 10 的所有整数的立方,然后求和。如果在计算器的帮助下仔细操作,就会得到正确的答案。然而,如果手边没有计算器,那么处理这些乘法和加法可能会非常麻烦和混乱!让我们来看看,如何能够通过寻找一个模式来解决这个问题。我们将数据如下排列:

1^3	$=(1)$	$=1$	$=1^2$
$1^3 + 2^3$	$=(1+8)$	$=9$	$=3^2$
$1^3 + 2^3 + 3^3$	$=(1+8+27)$	$=36$	$=6^2$
$1^3 + 2^3 + 3^3 + 4^3$	$=(1+8+27+64)$	$=100$	$=10^2$

请注意,最后一列中的底数(即 $1, 3, 6, 10, \cdots$)就是我们已经熟悉的三角形数。第 n 个三角形数由前 n 个整数之和构成。也就是说,第一个三角形数是 1,第二个三角形数是 $3 = (1+2)$,第三个三角形数是 $6 = (1+2+3)$,第四个三角形数是 $10 = (1+2+3+4)$,以此类推。

因此,我们可以将问题改写如下:

1^3	$=(1)^2$	$=1^2 = 1$
$1^3 + 2^3$	$=(1+2)^2$	$=3^2 = 9$
$1^3 + 2^3 + 3^3$	$=(1+2+3)^2$	$=6^2 = 36$
$\vdots$	$\vdots$	$\vdots$
$1^3 + 2^3 + 3^3 + \cdots + 9^3 + 10^3$	$=(1+2+3+\cdots+9+10)^2$	$=55^2 = 3025$

到这时,观众们应该已经对寻找解题模式的好处有了"感觉"。找到一种模式可能需要付出一些努力,但一旦发现了一种模式,不仅能极大地简化问题,而且能再次展示数学之美。

一个艰巨的挑战

有许多人喜欢接受算术题挑战,因此我们在这里提供一个这种趣味数学练习。考虑两个乘法运算:158×23 和 79×46。这两个乘积都是3634。这个挑战是,重新排列各位数字,并保持第一个乘法仍由一个三位数和一个两位数相乘,第二个乘法仍由一对两位数相乘,使得到的两个乘积相等且尽可能最大。

通常,大多数人都会以"试错法"的方式来处理这个问题,运气好的话,他们会偶然发现一个正确的答案。不过,这并不能令大多数解题者满意。一些聪明人可能会试着把两个给定乘法的第二个数的所有数字逆序,结果发现他们得到了两个相等的乘积,从而认为这可能就是最大的相等乘积了。他们很高兴得到了如下相等的结果:$158 \times 32 = 5056$ 和 $79 \times 64 = 5056$,并且想断定最初的那个挑战已经实现了。

不幸的是,这个乘积并不是可能的最大值。乘法 174×32 和 96×58 可得到更大的乘积 5568。这个解答需要付出相当多的努力才能得到。

不可除以零

每个数学家都知道,除以零是不被允许的。事实上,在数学的戒律清单上,这肯定是排在第一位的。我们可以称之为"第十一诫"①。但为什么不允许除以零呢? 数学界的一切都井然有序,我们为这种秩序和美而自豪。当有什么可能会破坏这种秩序的事情发生时,我们就简单地对它施加定义以满足我们的需要。这正是除以零时发生的事情。通过解释为什么要提出这些"规则",我们可以更深入地了解数学的本质。所以,让我们赋予这条"戒律"一些意义。对许多观众来说,这可能是一个期待已久的启示。

考虑 $\frac{n}{0}$ 的商。在不理会不可除以零这一戒律的情况下,让我们推测(或猜测)这时的商可能是什么。假设它是 p。在这种情况下,我们可以检验乘法 $0 \cdot p$ 是否等于 n,因为如果除法是正确的话,这个乘积就应该等于 n。我们知道 $0 \cdot p \neq n$,因为 $0 \cdot p = 0$。因此,没有任何数 p 可以作为这个除法的商。由于这一原因,我们将除以零定义为无效。

还有一个更令人信服的例子可以说明为什么要通过定义的方式来禁止除以零,因为它会导致违背 $1 \neq 2$ 这个公认的事实。我们将证明,当除以 0 可以接受时,就能得出 $1 = 2$,这显然是荒谬的!

以下是 $1 = 2$ 的"证明":

$$设\ a = b$$
$$于是\ a^2 = ab \qquad [两边都乘以\ a]$$
$$a^2 - b^2 = ab - b^2 \qquad [两边都减去\ b^2]$$
$$(a - b)(a + b) = b(a - b) \qquad [因式分解]$$
$$a + b = b \qquad [两边都除以\ (a - b)]$$
$$2b = b \qquad [将\ a\ 替换为\ b]$$
$$2 = 1 \qquad [两边都除以\ b]$$

---

① 因为《圣经》中有十诫,而这条数学戒律太重要了,所以作者把它称为第十一诫。——译注

在除以$(a-b)$这一步中，我们实际上就是除以 0，因为 $a=b$，所以 $a-b=0$。这最终导致了一个荒谬的结果，因而让我们别无选择，只能禁止除以零。观众们花时间见证了这条有关除以零的规则，他们会对数学的本质有一个更好的理解。然后，他们当然就能够享受它了，因为我们正在温和地向他们展示，不要因为"在数学中必须这样"就简单地接受一切。以批判的眼光看待事物是有益的！

有时，涉及这条戒律的情况可能被很好地掩盖起来了。以方程 $15x+12=6x+30$ 为例，可以将其改写为 $15x-30=6x-12$，将两边因式分解得到 $5(3x-6)=2(3x-6)$。当我们把方程的两边都除以 $3x-6$ 时，就会得到 $5=2$ 的荒谬结果。现在的问题是，我们的代数运算中哪里出错了？你可以向观众解释，如果我们用原来的形式解这个方程，就会发现方程的解为 $x=2$，这样会让他们松一口气。因为在这种情况下，表达式 $3x-6$ 就等于 $6-6=0$。看，我们又一次除以零了，违反了那条戒律。

这里出了什么错?

为了让观众始终保持敏锐,我们为他们提供另一个问题。

在初等代数中,我们学过 $\dfrac{a^3-b^3}{a-b}=\dfrac{(a^2+ab+b^2)(a-b)}{a-b}=a^2+ab+b^2$。当 $a=b$ 时,我们就发现了一个问题,这个等式不成立了。此时,左边是 $\dfrac{0}{0}=0$,右边是 $1+1+1=3$。这就意味着 $0=3$ 这一荒谬的结果。这为强化我们先前确定的那条戒律提供了另一个例子。现在,观众应该完全理解了为什么在数学中除以零是不可接受的。

一个无穷级数谬论

这里有一个会让许多观众感到有些困惑的问题。不过,其"答案"有点微妙,可能需要一些更成熟的思考。如果不理会收敛级数的概念①,我们就会遇到以下困境:

$$设 S = 1 - 1 + 1 - 1 + 1 - 1 + 1 - 1 + \cdots$$
$$= (1 - 1) + (1 - 1) + (1 - 1) + (1 - 1) + \cdots$$
$$= 0 + 0 + 0 + 0 + \cdots$$

然而,如果我们将其以不同的方式分组,就会得到:

$$设 S = 1 - 1 + 1 - 1 + 1 - 1 + 1 - 1 + \cdots$$
$$= 1 - (1 - 1) - (1 - 1) - (1 - 1) - \cdots$$
$$= 1 - 0 - 0 - 0 - \cdots$$
$$= 1$$

因此,既然在第一种情况下 $S = 1$,而在第二种情况下 $S = 0$,那么我们就可以得出 $1 = 0$ 这一结论。这一论证过程出了什么错? 如果这还不够令你不安,那么请考虑以下论证:

$$设 \quad\quad S = 1 + 2 + 4 + 8 + 16 + 32 + 64 + \cdots \quad\quad (1)$$

这里的 S 显然是正的。

$$此外, \quad\quad S - 1 = 2 + 4 + 8 + 16 + 32 + 64 + \cdots \quad\quad (2)$$

现在,将式(1)两边同时乘以 2,得到

$$2S = 2 + 4 + 8 + 16 + 32 + 64 + \cdots \quad\quad (3)$$

将式(2)代入式(3)得

$$2S = S - 1$$

由此我们可以得出 $S = -1$ 这一结论。

---

① 简单地说,如果一个级数看起来接近一个特定的有限和,它就是收敛的。例如,级数 $1 + \frac{1}{2} + \frac{1}{4} + \frac{1}{8} + \frac{1}{16} + \frac{1}{32} + \cdots$ 收敛于 2,而级数 $1 + \frac{1}{2} + \frac{1}{3} + \frac{1}{4} + \frac{1}{5} + \frac{1}{6} + \cdots$ 不收敛于任何有限和,而是无限地持续增大。——原注

而这将使我们得出 -1 是正的结论,因为我们之前已经确定了 S 是正的。

为了澄清最后一个谬论,你可能需要与收敛级数的以下正规形式作比较:设 $S = 1 + \dfrac{1}{2} + \dfrac{1}{4} + \dfrac{1}{8} + \dfrac{1}{16} + \cdots$。于是我们有 $2S = 2 + 1 + \dfrac{1}{2} + \dfrac{1}{4} + \dfrac{1}{8} + \dfrac{1}{16} + \cdots$。

于是 $2S = 2 + S$,因此 $S = 2$,这是正确的。不同之处在于级数是否收敛:后面的这个级数是收敛的,而之前的那个级数并不收敛,因此不允许以我们之前的方式分组。

一个算术运算的令人困惑的解答

通常来说,等差数列是很容易求和的。然而,也有一些数列,它们的呈现形式有点奇怪,于是当人们试图计算它们的和时就会觉得难以对付。不过,这些数列可以带来不少乐趣,特别是在提供了解答之后。这种情况的一个例子如下:

$$5 \times 7 \times 9 + 7 \times 9 \times 11 + 9 \times 11 \times 13 + 11 \times 13 \times 15 + 13 \times 15 \times 17 + \cdots$$

一个挑战是找到这个级数的第 9 项,然后求出直到第 9 项的整个级数的总和。按照能看到的已经相当明显的模式,确定第 9 项相当简单,它是 $21 \times 23 \times 25$。不过,求这个级数的和就有点复杂了。你可以用很多不同的方法来求和,不过,我们将使用一种相当奇怪的方法来提供乐趣。我们取最后一项,将其乘以后一项的最后一个因数,于是得到 $21 \times 23 \times 25 \times 27$。然后取第一项,将其乘以前一项(假设存在前一项的情况下)的第一个因数,得到 $3 \times 5 \times 7 \times 9$。接下来将这两个乘积相减,得到:$21 \times 23 \times 25 \times 27 - 3 \times 5 \times 7 \times 9 = 326\,025 - 945 = 325\,080$。然后我们将这个数除以 $2 \times (3 + 1) = 8$,它是由以下规则得出的:2 是各因数之差,3 是因数的数量。因此,该级数之和为 $325\,080 \div 8 = 40\,635$。尽管这个解答可能会让人困惑,也不同寻常,但是一位有积极性的读者可能会想要探究其中的道理。于是就会得到另一种带来乐趣的形式①!

① 关于这里叙述的计算 $5 \times 7 \times 9 + 7 \times 9 \times 11 + \cdots + 21 \times 23 \times 25$ 的方法,其背后的数学原理请参见译者撰写的附录 C。——译注

一个惊人的现象

在结束本章时,我们来展示一种真正令人惊叹的数字关系。这显然会令你的观众感到困惑,并向他们展示一个算术领域的真正奇迹。我们从一个等于 0 的等式开始,里面出现了许多数:

$$123\ 789^2 + 561\ 945^2 + 642\ 864^2 - 242\ 868^2 - 761\ 943^2 - 323\ 787^2 = 0$$

观察这一关系,除了其中的数相当大之外,好像并没有什么特别奇怪之处。不过,当我们从每个数中删除 10 万位(即最左边那一位数字)后,我们得到了以下关系,它仍然等于 0:

$$23\ 789^2 + 61\ 945^2 + 42\ 864^2 - 42\ 868^2 - 61\ 943^2 - 23\ 787^2 = 0$$

当我们重复这一过程,再次删除每个数最左边的那一位数字后,留下的是另一个同样等于 0 的关系:

$$3789^2 + 1945^2 + 2864^2 - 2868^2 - 1943^2 - 3787^2 = 0$$

当我们将删除最左边那一位数字的过程继续下去时,每种情况下的结果仍然为 0:

$$789^2 + 945^2 + 864^2 - 868^2 - 943^2 - 787^2 = 0$$
$$89^2 + 45^2 + 64^2 - 68^2 - 43^2 - 87^2 = 0$$
$$9^2 + 5^2 + 4^2 - 8^2 - 3^2 - 7^2 = 0$$

此时,有些人可能认为这个巧合是人为制造的,当然很可能是这样。不过,我们可以对同样的序列重复这一过程,而这一次是从每个数中依次删除最右边的那一位数字,你会再次注意到得到的结果都等于 0。

$$123\ 789^2 + 561\ 945^2 + 642\ 864^2 - 242\ 868^2 - 761\ 943^2 - 323\ 787^2 = 0$$
$$12\ 378^2 + 56\ 194^2 + 64\ 286^2 - 24\ 286^2 - 76\ 194^2 - 32\ 378^2 = 0$$
$$1237^2 + 5619^2 + 6428^2 - 2428^2 - 7619^2 - 3237^2 = 0$$
$$123^2 + 561^2 + 642^2 - 242^2 - 761^2 - 323^2 = 0$$
$$12^2 + 56^2 + 64^2 - 24^2 - 76^2 - 32^2 = 0$$
$$1^2 + 5^2 + 6^2 - 2^2 - 7^2 - 3^2 = 0$$

如果你的观众还没有获得足够深刻的印象,那么你就有机会再多显摆一点,将上面所做的两种删除结合起来,同时删除! 也就是说,同时删除最右边和最左边的两个数字，每删除一对数字后所得的总和仍然为零，这足以让观众再次为之惊叹。

$$123\ 789^2 + 561\ 945^2 + 642\ 864^2 - 242\ 868^2 - 761\ 943^2 - 323\ 787^2 = 0$$
$$2378^2 + 6194^2 + 4286^2 - 4286^2 - 6194^2 - 2378^2 = 0$$
$$37^2 + 19^2 + 28^2 - 28^2 - 19^2 - 37^2 = 0$$

有了这个狂野的挑战，你应该已经充分吸引住了你的观众。我们现在可以超越算术，进入数学的其他领域了，那些领域也应该会提供各种各样的乐趣。

第2章 逻辑推理的乐趣

关注逻辑推理是数学所有分支的一个不可或缺的方面。逻辑推理通常被视为真正的解题技巧的一个关键要素。用于展示逻辑推理的主题不仅可以有很大的不同，而且还可以借此展示人们在数学的某些方面所能得到的惊人乐趣。我们在本章中遇到的例子将体现在诸如概率、解题的巧妙策略、产生意外现象以及其他能展现出某种逻辑推理的有趣方面。逻辑推理有其局限性，而这也可能带来乐趣。一方面，逻辑推理往往是解题的关键；另一方面，我们也需要小心，不要滥用逻辑推理。例如，基于看起来具有说服力的模式进行推广，也可能会产生误导。怀着恰当的预期却得到令人惊讶和意外的失望结果，这也可以是一种带来乐趣的方式，同时也对今后进行猜测提出了警示。让我们从考虑下面这个例子开始。

错误的推广

当一个模式看起来持续有效时,人们就很容易想要去推广它。但是,模式的一致性可能只保持到某一个点,然后就会发现某种不一致来干扰这种模式。这经常是学校课程中没有提到的事情。也许老师们并不想向学生们展示数学中竟然会存在如此出人意料的不一致,从而令他们感到不安。让我们考虑以下问题,由此来考查这样的一个例子。

是否每个大于 1 的奇数都可以表示为(2 的一个幂)与(一个素数)的和?

人们会尝试看看最初的几个实例是否符合所提出的问题,这是很常见的做法。在下面的模式中,我们注意到,对于从 1 到 125 的所有奇数,它似乎都成立,但是到了 127 这个数,它就不成立了。对大多数人来说,这确实令人震惊,但如果将这个例子恰当地呈现出来,不仅会带来相当多的乐趣,同时也能提醒大家在做概括时要谨慎。从 129 继续下去,它又会有一段时间保持成立。观众们可能想看到,他们在到达另一块"绊脚石"之前能走多远。

$$3 = 2^0 + 2$$
$$5 = 2^1 + 3$$
$$7 = 2^2 + 3$$
$$9 = 2^2 + 5$$
$$11 = 2^3 + 3$$
$$13 = 2^3 + 5$$
$$15 = 2^3 + 7$$
$$17 = 2^2 + 13$$
$$19 = 2^4 + 3$$
$$\vdots$$
$$51 = 2^5 + 19$$
$$\vdots$$
$$125 = 2^6 + 61$$
$$127 = \ ?$$

$$129 = 2^5 + 97$$

$$131 = 2^7 + 3$$

$$\vdots$$

这个模式继续下去,直到149这个数才又遇到了绊脚石。这个猜想最初是由法国数学家波利尼亚克(Alphonse de Polignac, 1817—1890)提出的。接下去的绊脚石为以下这些数:251,331,337,373和509。从这个问题出现的时候起,迄今已经证明了这个猜想有着无数个"反例",2 999 999就是这样一个反例。

只是为了好玩,我们再举一个例子,以说明某件事情看起来像一种可以无限持续下去的模式,但令人惊讶的是,它可以戛然而止。这是另一个示例,一个令人愉快的模式似乎产生了,但它并不能延伸到越过某个临界点。请欣赏下面这些我们通过对某些数取0,1,2,3,4,5,6,7次幂时得到的等式:

$$1^0 + 13^0 + 28^0 + 70^0 + 82^0 + 124^0 + 139^0 + 151^0 = 4^0 + 7^0 + 34^0 + 61^0 + 91^0 + 118^0 + 145^0 + 148^0$$

$$1^1 + 13^1 + 28^1 + 70^1 + 82^1 + 124^1 + 139^1 + 151^1 = 4^1 + 7^1 + 34^1 + 61^1 + 91^1 + 118^1 + 145^1 + 148^1$$

$$1^2 + 13^2 + 28^2 + 70^2 + 82^2 + 124^2 + 139^2 + 151^2 = 4^2 + 7^2 + 34^2 + 61^2 + 91^2 + 118^2 + 145^2 + 148^2$$

$$1^3 + 13^3 + 28^3 + 70^3 + 82^3 + 124^3 + 139^3 + 151^3 = 4^3 + 7^3 + 34^3 + 61^3 + 91^3 + 118^3 + 145^3 + 148^3$$

$$1^4 + 13^4 + 28^4 + 70^4 + 82^4 + 124^4 + 139^4 + 151^4 = 4^4 + 7^4 + 34^4 + 61^4 + 91^4 + 118^4 + 145^4 + 148^4$$

$$1^5 + 13^5 + 28^5 + 70^5 + 82^5 + 124^5 + 139^5 + 151^5 = 4^5 + 7^5 + 34^5 + 61^5 + 91^5 + 118^5 + 145^5 + 148^5$$

$$1^6 + 13^6 + 28^6 + 70^6 + 82^6 + 124^6 + 139^6 + 151^6 = 4^6 + 7^6 + 34^6 + 61^6 + 91^6 + 118^6 + 145^6 + 148^6$$

$$1^7 + 13^7 + 28^7 + 70^7 + 82^7 + 124^7 + 139^7 + 151^7 = 4^7 + 7^7 + 34^7 + 61^7 + 91^7 + 118^7 + 145^7 + 148^7$$

从这8个例子中,人们很容易得出如下结论:对于自然数n,以下等式都成立:

$$1^n + 13^n + 28^n + 70^n + 82^n + 124^n + 139^n + 151^n = 4^n + 7^n + 34^n + 61^n + 91^n + 118^n + 145^n + 148^n$$

为了向观众提供有关上述8个例子的更多信息,我们列出了8个n值,以及所得的这些和:

n	和
0	8
1	608
2	70 076
3	8 953 712
4	1 199 473 412
5	165 113 501 168
6	23 123 818 467 476
7	3 276 429 220 606 352

人们会期待可以对这个模式进行推广。然而,这却会是一个惊人的错误。这个错误直到我们考虑下一种情况,即 $n=8$ 时,才显现出来。我们注意到,此时得到的两个和并不相同:$1^8 + 13^8 + 28^8 + 70^8 + 82^8 + 124^8 + 139^8 + 151^8 = 468\ 150\ 771\ 944\ 932\ 292$,而 $4^8 + 7^8 + 34^8 + 61^8 + 91^8 + 118^8 + 145^8 + 148^8 = 468\ 087\ 218\ 970\ 647\ 492$。

事实上,这两个和之差是

$468\ 150\ 771\ 944\ 932\ 292 - 468\ 087\ 218\ 970\ 647\ 492 = 63\ 552\ 974\ 284\ 800$

随着 n 的增大,这两个和之差也会增大。当 $n=20$ 时,这个差为 $3\ 388\ 331\ 687\ 715\ 737\ 094\ 794\ 416\ 650\ 060\ 343\ 026\ 048\ 000$。

因此,为了避免这样的错误,在接受一个归纳性的推广之前,必须先证明它。如果你恰当地呈现这样的例子,这些错误的推广也可能会带来乐趣,因为它以某种方式表明,并不是所有看起来可以预测的事情,实际上确实会是那样。

一些警示

既然我们已经看到了,推广需要经过仔细的审查,那么就让我们把注意力转向逻辑推理,它常常会使一个看似非常困难的问题变得微不足道。我们从一个可能违反直觉的问题开始,希望这个问题能为你的观众打开一个更广阔的视野。

向他们提出以下挑战。假设有人让你在两个同样大小的罐子里选择一个,它们的容积都是 1 加仑①,其中一个装满 50 美分硬币,另一个装满 10 美分硬币。一开始,人们会认为从装有 50 美分硬币的罐子里能得到 5 倍的钱。然而,由于 50 美分硬币体积比较大,罐子里装的 50 美分硬币的数量会比 10 美分硬币少。据估计,10 美分硬币的数量将是 50 美分硬币的 6 倍,这意味着装有 10 美分硬币的罐子里大约多出 20% 的钱。这是另一个使用逻辑推理的例子,它让你感觉到,违反直觉的情况不应该被忽视。

---

① 1 加仑(gallon) = 4 夸脱(quart) = 3.785 升(litres)。——译注

算术中的逻辑

这里有一个需要用到逻辑方法的算术问题。一家商店以相同的价格出售各种商品,每件商品的价格都超过 0.20 美元,如果你花了 3.41 美元,那么你购买了多少件商品?

在这里,观众们需要知道哪些数是 341 的因数。如果他们回忆起第 1 章中测试一个数能否被 11 整除的技巧,就会意识到 341 的交替数字之和的差是零,因此这个数能被 11 整除,于是 11 是 341 的一个因数。因此,你可以按每件商品 0.31 美元的价格购买 11 件商品。在这里我们看到,一种以我们新建立的判断整除性的技巧为基础的逻辑方法,如何能够快速地引导我们找到答案。(注意,如果你选择购买 31 件商品,则价格为 0.11 美元,不符合问题的原始要求。)

这里还有另一个简单的问题,可以进一步作为逻辑推理之旅的一个热身。考虑一对夫妻,丈夫比妻子大,他们的年龄之差是他们的年龄之和的 $\frac{1}{11}$。此外,妻子的年龄是丈夫年龄的逆序数。我们现在需要求出他们的年龄。

方法之一是考虑 11 的倍数,因为我们知道他们的年龄之差必须是他们的年龄之和的 $\frac{1}{11}$。一种可能是,如果他们的年龄之和是 99 岁,那么他们的年龄之差就是 9 岁,因此他们的年龄分别是 54 岁和 45 岁,这满足我们最初给出的所有条件。只用一点点逻辑推理,就很好地引导我们找到了这个答案。

我们现在准备着手解决一个表面上看来非常简单,但解答起来可能颇有挑战性的问题。然而,这个解答是如此出人意料而又简单易懂,这使得这个问题相当具有趣味性。

不要对这个意外结果大惊小怪

这个问题的妙处在于稍后提供的出乎意料的优雅解答,它几乎使问题变得微不足道,并将真正给观众带来乐趣。不过,我们的传统思维模式很可能会在这个问题上造成困扰。不要让你的观众轻易放弃。鼓励他们真正尝试一下,或者至少做一点努力。下面就是这个问题。

> 有两个容积为 4 升的瓶子。其中一个装有 1 升红葡萄酒,另一个装有 1 升白葡萄酒。我们取一汤匙红葡萄酒,将其倒入白葡萄酒瓶。然后我们取一汤匙这种新的白葡萄酒和红葡萄酒的混合物,将其倒入红葡萄酒瓶。现在是白葡萄酒瓶里的红葡萄酒多,还是红葡萄酒瓶里的白葡萄酒多?

我们可以用任何一种常见方法来解决这个问题,这类问题在高中数学中通常被称为"混合问题"。或者我们也可以使用某种聪明的逻辑推理手段。我们这样开始推理:第一次"运送"葡萄酒时,汤匙里只有红葡萄酒。第二次"运送"葡萄酒时,汤匙里的白葡萄酒和"白葡萄酒瓶"里的红葡萄酒一样多。这可能需要观众稍微思考一下,但大多数人应该很快就能"明白"。给他们一些时间来思考这个问题。

现在,有趣的部分来了:一个意想不到的解决方案!这是最简单易懂的解答,也是一种非常强大的策略,那就是考虑极端。我们在日常生活中有时会依靠这样的选择:"在最糟的情况下,会发生这样或那样的情况,因此我们可以决定……",此时我们使用的就是这种推理。

现在让我们用这个策略来解决上述问题,用它为观众真正带来乐趣,并留下深刻印象。为了做到这一点,我们将一汤匙想象得大一点。显然,只要运送量始终保持一致,那么问题的结果就与运送量无关。因此,我们将使用一个极大的量。我们让这个量就是整整 1 升。也就是说,按照问题陈述中给出的说明,我们选取全部的 1 升红葡萄酒,将其倒入白葡萄酒瓶。这种混合物现在是 50% 白葡萄酒和 50% 红葡萄酒。然后我们把 1 升这种混合物倒回红葡萄酒瓶中。现在两个瓶子里的混合物是一样的。因此,红葡萄酒瓶中的白葡萄酒和白葡萄酒瓶中的红葡萄酒一样多!这个问题的美妙之处就在于这个解答过程。

　　实际上,我们可以通过考虑另一种形式的极端情况来改变这个过程,即汤匙所运送的葡萄酒的量为零。在这种情况下也可以立即得出结论:白葡萄酒瓶里的红葡萄酒和红葡萄酒瓶里的白葡萄酒一样多,也就是零!仔细地讲解这个解答,可能会对大家未来处理数学问题的方式,甚至如何进行日常决策,都有非常重要的意义。

一个简单的挑战

呈现一个看似简单的挑战,让你的观众有一点挫败感,然后又让他们看到解答是多么简单,这总是很有趣。以图 2.1 所示的几何构形为例。这一构形由 18 根火柴组成,拼出了 8 个三角形。这里的挑战是,取走其中的 4 根火柴,从而只剩下 5 个三角形。

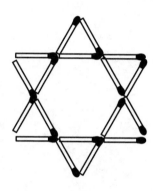

图 2.1

一旦观众有机会进行尝试,或者得到一个解答,你可能会希望公布这一挑战的一个正确答案,如图 2.2 所示。

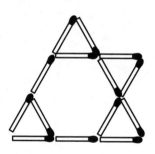

图 2.2

一个违反直觉的挑战

在餐馆和酒吧里可以用牙签来玩一些游戏,你可以用它给观众带来乐趣。假设有一组牙签排成图 2.3 所示的样子,其中上下两行和左右两列都各自包含 11 根牙签。

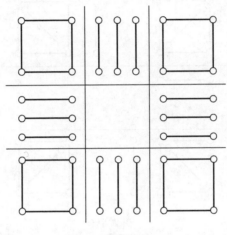

图 2.3

这里的挑战是,要求观众从上下两行和左右两列中各取走一根牙签,但仍然使这些行列各自包含 11 根牙签。这似乎是不可能的,因为我们确实要取走牙签,但又要求在这些行列中保持跟之前一样的牙签数量。一开始可能会想到如图 2.4 所示的排列,但那样的话其中的行和列并没有达到挑战所要求的 11 根牙签。

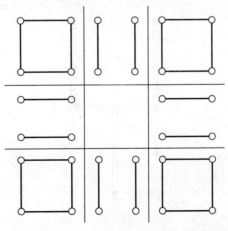

图 2.4

观众一定会问,这怎么可能做到?经过一番思考后,他们会开始意识到,如果能做到这一点,那么就不得不将一些牙签计数两次。在图 2.5 中可以看到,我们从这些行列的中间位置各取了一根牙签,并将这些牙签放到角落上,这样就可以将它们多次计数。这就是关键所在!

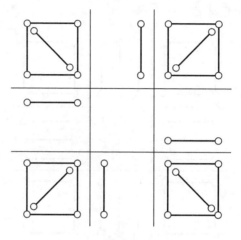

图 2.5

就这样,我们实现了在两行和两列中各有 11 根牙签的目标。这不仅很有趣,也是一项值得关注的技能,人们由此可以在整个一生中都以一种更具批判性的方式来分析各种情况。

在下面这个挑战中可以看到另一个使用火柴的违反直觉的例子。图 2.6 中的 4 根火柴和 1 个圆点,就像是一个酒杯里面装有一个球。这里的挑战是,最多移动 2 根火柴,使球不出现在杯子中。

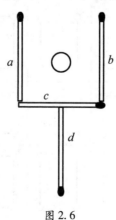

图 2.6

这里的移动方法相当具有欺骗性。需要移动的第一根火柴是 c，将它向右滑动，直到其端点与火柴 d 的端点重合，这样火柴 b 的端点就会位于火柴 c 的中间。然后移动火柴 a，再次构成杯子形状，如图 2.7 所示。于是，我们只移动了 2 根火柴，即火柴 c 和 a，而球就在杯子外了。还有没有其他解答？

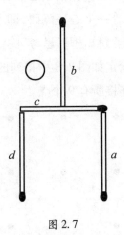

图 2.7

　　应当承认，这不是一项容易的任务，但它确实为我们提供了一个逻辑思维运作的例证。

一笔连点

现在要求观众画 4 条直线来连接图 2.8 中的 9 个点,并且在画线时笔不能离开纸面。大多数人都会沿着正方形的四条边走,却发现漏掉了中心的那一点。他们的下一步会包括中心点,然后又发现漏掉了其他的点。大多数人似乎都存在着一个心理障碍,即不想让线延伸到正方形之外。很奇怪,为什么就不能"跳出框框思考"呢?

再说一遍这个问题:给定如图 2.8 中排列的 9 个点,在不将笔提离纸面的情况下,用 4 条直线连接所有 9 个点。

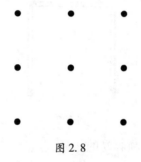

图 2.8

在观众们感到有点灰心之后,你可以用图 2.9 中提供的解答来启发他们。在这里,逻辑思维要求我们打破想保持在正方形内部的这种先入为主的观念,正如我们在图中所看到的那样。

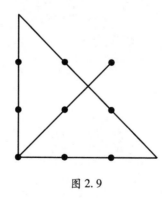

图 2.9

移动牙签使等式成立

我们在这里提供一个可以在餐桌上进行的趣味活动,此时你可以拿到一些牙签。先把牙签摆放成图2.10左边的三种情况之一,每一种情况中的罗马数字都给出了一个不正确的等式。向你的观众提出挑战:只移动一根牙签,使等式成立。图2.10右边显示了仅移动一根牙签后得到修正的等式。请注意,在第二个等式中,修正后的 X 被看作一个乘号,而在第三个等式中,排成正方形的牙签表示零。

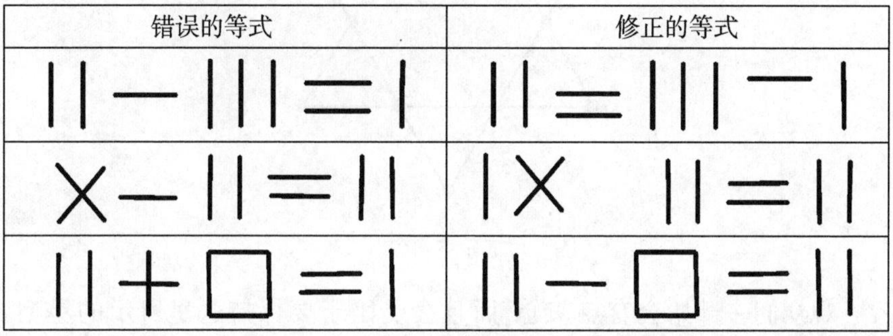

错误的等式	修正的等式
‖ − ‖‖ = ‖	‖ = ‖‖‖ − ‖
X − ‖ = ‖	‖X ‖‖ = ‖‖
‖ + □ = ‖	‖ − □ = ‖‖

图 2.10

移动点并增加直线

图 2.11 显示了 12 个点排列成 6 条直线，每条线上有 4 个点。这里的挑战是，看看如何将这些点中的 4 个移动到其他位置，从而能连出 7 条直线，且每条线上仍然有 4 个点。

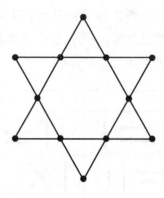

图 2.11

观众们一开始会有点灰心，而且会受困于要保持这里所示的星型。问题的解答需要打破这个"造型"。作为给大家带来乐趣的人，你的目标是要引导他们找到图 2.12 中展示的解答。

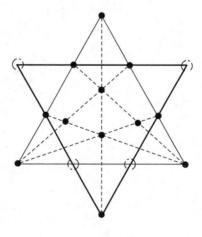

图 2.12

在图中，你可以看到我们移动了 4 个点，并将它们放置在与现有的点共线的位置上，这样就使所有 12 个点能连出 7 条直线了。尽管这可能需要"跳出框框思考"，但事实证明它能实现寓教于乐的效果。

排列点（或植物）

这里的问题是,把 21 个点排列成 12 条直线,每条直线上有 5 个点。为了使这个问题更具趣味性,你可以用种植问题的形式来呈现它。比如你计划完成一种有艺术感的符合上述要求的排列,但只有 21 棵植物可用。

图 2.13 展示的解答是从图形中心部分的一个八边形开始,然后将八边形的各边延长到它们的公共交点。当你数这些点时,会发现每条直线上都有 5 个点,而这样的直线有 12 条,这正是最初的挑战所要求的。

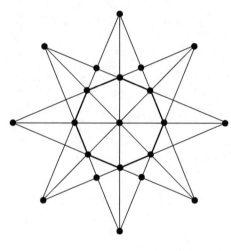

图 2.13

恰当地放置点

你可以用一种相当简单的方式给观众带来乐趣,比如按图 2.14 所示放置一些点,或者就简单地在一张白纸上画出如图所示的点。这里的挑战是,移动 10 个点中的 4 个,使结果得到的排列方式可以用 5 条直线连接所有的点,其中每一条直线都包含 4 个点。

图 2.14

有许多方法可以应对这一挑战。我们将在这里展示其中的一些,你也可以让你的观众提出其他排列方式。图 2.15 给出了其中一种解答。

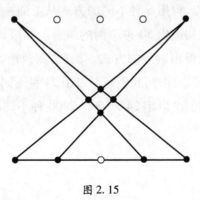

图 2.15

另一种可能的解决方案如图 2.16 所示。

在图 2.17 中,我们又提供了一种形式。观众一旦看出其中的模式,应该就能构造出其他的一些形式。

总结一下这个过程,我们可以看到,你可以用 10 种不同的方式从下

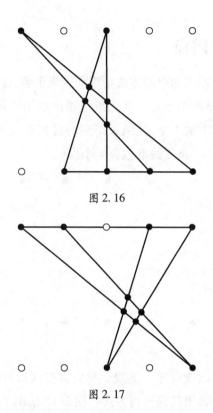

图 2.16

图 2.17

面一行中选择 3 个点, 再用 5 种不同的方式从上面一行中选择 1 个点进行移动, 这样就可以构造出 50 种不同的组合。如果我们考虑上下翻转, 就会有另外 50 种能得出解答的方式。因此, 到目前为止, 我们共有 100 种方式来选择 4 个点。此外, 我们还可以用 24 种不同的方法选择如何排列那些点, 这就使我们可以用 $24 \times 100 = 2400$ 种不同的解答来解决这个问题。

用火柴做设计

以故事的形式呈现一个问题,就像我们在这里做的那样,可能会让观众对于数学如何解决实际问题有所思考。一位农民要设计一些笼子来关动物,他用火柴摆放出了几个笼子的分布图,如图 2.18 所示。他在这样做的过程中使用了 13 根火柴,每根火柴代表一段围栏,能够构造出 6 个大小相等的笼子。

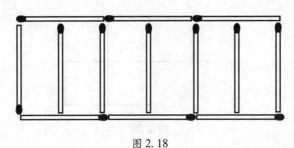

图 2.18

当他正要按照图 2.18 所示的火柴图样开始实际施工时,突然意识到他只有 12 段围栏,缺了 1 段,于是他现在要用这些围栏来重新构造 6 个大小相等的笼子。让你的观众试着仅用 12 根火柴构建 6 个相等的笼子。当你向他们展示如何做到这一点时,他们会感到相当惊讶,答案如图 2.19 所示。

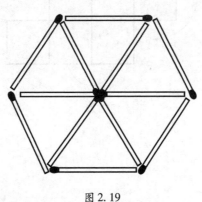

图 2.19

缺失的正方形

在这个挑战中,你的观众将不得不"跳出框框思考"。尽管它们是训练不寻常思维的好方法,但这样的活动无疑既丰富多彩又有指导意义。这里的问题是:只移动 2 根而不是 4 根棍子,来去掉一个正方形,这可能会是一个奇怪的逻辑问题。在图 2.20 中,我们展示了 5 个正方形。如何通过仅移动两根棍子去掉一个正方形,从而只剩下 4 个正方形?

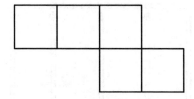

图 2.20

给观众一些时间思考这个难题,之后向他们展示一个解答,这个解答必定会引起"天哪"的惊呼。图 2.21 显示了如何移动两根棍子从而只留下 4 个正方形。

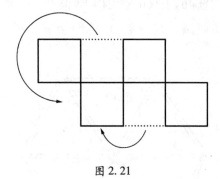

图 2.21

构造一个五边形

再次让观众解决一个逻辑结构问题。我们在图 2.22 中展示了两个重叠的三角形,重叠部分构成了第三个三角形。

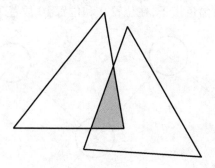

图 2.22

这里的挑战是,重新排列两个大三角形,使它们的重叠部分构成一个五边形。应该为观众提供充足的时间进行各种尝试。在这之后,你可以展示图 2.23 中所示的解答。

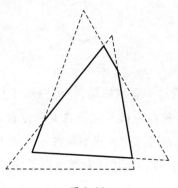

图 2.23

策略性移动

有些时候,人们可能会为完成一些策略性移动的挑战而得到乐趣,下面就是这样一个策略游戏。考虑图 2.24 所示的图形,我们首先在位置 1 和位置 2 放置 2 枚黑色棋子,在位置 9 和位置 10 放置 2 枚白色棋子。

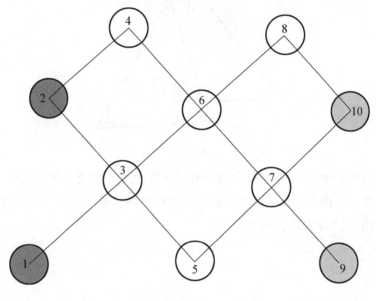

图 2.24

这里的挑战是,通过一系列移动,使黑白棋子互换位置。换句话说,最终的结果应该是,2 枚白色棋子在位置 1 和位置 2,而 2 枚黑色棋子在位置 9 和位置 10。观众可以把这张图画在一张纸上,然后开始尝试移动棋子,但是有一个条件,即白色棋子和黑色棋子任何时候都不能在同一条直线上。

我们提供的解答需要移动 18 次,步骤如下:

2 – 3,9 – 4,10 – 7,3 – 8,4 – 2,7 – 5,8 – 6,5 – 10,6 – 9,

2 – 5,1 – 6,6 – 4,5 – 3,10 – 8,4 – 7,3 – 2,8 – 1,7 – 10

先思考再计数

有些问题的情境看起来如此简单,以至于我们可以直接着手去解决它,而不必首先考虑要使用什么策略。我们现在就用这样的问题来给观众带来乐趣。如此急躁地寻找到的解答,与经过深思熟虑给出的结果相比,往往显得不太优雅。这里有两个简单问题的例子,如果观众忽视了所提问题中的简单性,就会感受到其中的乐趣。问题一:

> 找出所有相加等于 999 的素数对。

有一些观众会取一张素数列表,然后尝试各种配对,看看他们能否得到 999 这个和。这显然不仅非常乏味,而且非常耗时,甚至你永远不能完全确定是否已经考虑了所有的素数对。在这里,你可以向观众展示用一些逻辑推理如何使这个问题变得微不足道,从而给他们带来乐趣。为了使两个数(素数或其他数)的和为奇数(在本例中为 999),其中一个数必须是偶数。由于只有一个素数是偶数,也就是 2,因此只有一对素数的和是 999,这对素数就是 2 和 997。如果观众们已经花了一段时间选取各种素数对进行试验,那么你可以预期他们会有一个有趣的反应。

对第二个问题,预先计划一下或做一些有序思考是有意义的,问题如下:

> 回文数是一个向前读和向后读完全一样的数,如 747 或
> 1991。1 到 1000 之间(包括 1 和 1000)有多少个回文数?

解决这个问题的传统方法是尝试写出 1 到 1000 之间的所有数,然后看看哪些是回文数。然而,这会是一项繁琐且耗时的任务,而且你仍然可能漏掉其中的一些。

让我们看看能否找到一种模式,以更优雅、更令人印象深刻的方式解决这个问题。

范围	回文数的个数	总数
1—9	9	9
10—99	9	18
100—199	10	28
200—299	10	38
300—399	10	48
⋮	⋮	⋮
900—999	10	108

奇怪的是,一种模式形成了,即在 99 之后的每一组 100 个数中都恰好有 10 个回文数。因此就有 9 组 10 个,或者说 90 个,再加上 1 到 99 之间的 18 个,于是在 1 到 1000 之间总共有 108 个回文数。又一次,观众将被所呈现的简单解答感到震撼。

这个问题的另一种解答是,通过更有利的方式组织数据。考虑所有的一位数,它们都是回文数,有 9 个这样的数。有 9 个两位数的回文数。三位数的回文数有 9 对可能的"外侧数字"和 10 个可能的"中间数字",所以一共有 90 个。于是在 1 到 1000 之间(包括 1 和 1000)总共有 108 个回文数。这里的警示语应该是:先思考,然后开始解答!

先思考再解答

如果你看不出下题中的诀窍,那么这会是一个非常困难的问题;如果你发现了解决这个问题的巧妙方法,那么这就是一个微不足道的问题:

如果两个数的和是 2,它们的积是 3,求这两个数的倒数之和。

大多数读者会立即求助于代数,建立以下两个方程:$x + y = 2$ 和 $xy = 3$。通常的代数训练引导我们准备去解这两个联立方程。这就要求我们把第一个方程化为 $y = 2 - x$,然后用这个值代入第二个方程中的 y,得到 $x(2 - x) = 3$,这样就得到了二次方程 $x^2 - 2x + 3 = 0$。用二次方程求根公式①求解这个方程,得到 $x = 1 \pm \sqrt{2}i$。我们还需要求出 y 的值,然后取它们各自的倒数,再把它们相加来得到所需的答案,这是一种相当麻烦的解法。这个问题的奇异之处在于,如果我们专注于要求我们寻找的答案,而不是被求 x 和 y 的值分散了注意力,就可以很简单地得到解答。我们要求的是两个倒数之和,并不是 x 和 y 的值。也就是说,我们实际上只需要知道 $\frac{1}{x} + \frac{1}{y}$。于是,让我们求出倒数之和:$\frac{1}{x} + \frac{1}{y} = \frac{x + y}{xy}$,这实际上就给出了答案,因为从所给的信息中我们已经知道该分数的分子和分母:$x + y = 2$ 和 $xy = 3$。于是 $\frac{1}{x} + \frac{1}{y} = \frac{x + y}{xy} = \frac{2}{3}$,问题就这样解决了。请注意,通过逆向思维,我们得到了一个非常优雅的解答,否则这个问题解起来会非常复杂。

---

① 二次方程 $ax^2 + bx + c = 0 (a \neq 0)$ 的求根公式为 $x = \dfrac{-b \pm \sqrt{b^2 - 4ac}}{2a}$。——原注

制作一根闭合链条

正如我们前面提到过的,有时逻辑思维就意味着"跳出框框思考"。在这里,我们看到有 4 根链条,每根链条由 3 节链环组成(见图 2.25)。观众面临的挑战是,如何通过最多断开并接合 3 节链环,将这 4 根链条制作成一根由 12 节链环组成的圆环。

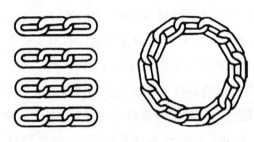

图 2.25

典型的第一次尝试解答通常会断开一根链条的末端链环,然后将其连接到第二根链条,以形成一根有 6 节链环的链条;然后断开并接合第三根链条中的一节链环,将其连接到 6 节链环的那根链条,以形成一根有 9 节链环的链条。断开并接合第四根链条中的一节链环,并将其连接到 9 节链环的那根链条,我们得到了一根有 12 节链环的链条,但它不是一个圆环。虽然我们断开并接合了 3 节链环,但是仍未得到一根圆环链条。因此,这种典型的尝试以失败告终。大多数尝试通常都会包括断开并接合各根链条的一个链环,并尝试将它们连接在一起以获得所需结果的其他组合,但这种方法并不会成功。

让我们从另一个角度来看这个问题。这一不同的角度并非不断尝试断开并接合每根链条中的一个链环,而是断开一根链条中的所有链环,并使用这些链环将其余三根链条连接在一起,从而构成所需的圆环链条。这样做很快就会得到成功的解答,而且应该会令观众感到有趣和"大开眼界"。

毫无价值的增长

这里有一种情况,你可以用其意想不到的结果颠覆观众的认知,虽然这对他们是有利的。向观众呈现以下情形。假设你有一件东西想卖给一个人,如果他立即从你那里买走的话,你愿意给他 10% 的折扣。然而,这个人决定宁可等到第二天,此时你告诉他,你到时候不得不将最终价格在折扣价基础上提高 10%。此人是否应该认为,你向他提供的正是该商品在打折再提价之前的原价? 答案是响亮的也是非常令人惊讶的:不!

这个小故事有点令人不安,因为人们会期望,以相同的百分比增加和减少,就应该回到起点。这是直觉思维,但它是错误的! 为了向你的朋友解释这一点,你可以让他们选择一笔具体数额的钱来作说明。假设我们从 100 美元开始。先计算 10% 的减少,再计算 10% 的增加。以 100 美元为基础,经过 10% 的降幅后价格为 90 美元。然后经过 10% 的增加,即 9 美元,最终得到 99 美元,比原来的价格数额少了 1 美元。因此,无论如何,等到第二天再买你的东西,还是有利可图的。

你可能想知道,如果先计算增加再计算减少,结果是否会有所不同。100 美元增加 10%,得到 110 美元,再减去 110 美元的 10%,也就是 11 美元,最终也得到 99 美元,和先前一样。显而易见,顺序没有产生区别。

赌徒也会遇到类似的情况,而受到欺骗性的误导。请观众考虑下面的情况。你有机会玩一个游戏,游戏规则如下:有 100 张牌,正面朝下。在这些牌中,有 55 张写着"赢",45 张写着"输"。你一开始有 10 000 美元。你必须对每张要翻开的牌押上你一半的钱,根据牌面上所写的内容来决定你赢还是输。游戏结束时,所有的牌都已翻开,此时你有多少钱?

上面的原则在这里同样适用。很明显,你赢的次数要比输的次数多 10 次,所以看起来你最终得到的会多于 10 000 美元。显而易见的,往往也是错误的,这就是一个很好的例子。假设你第一张牌赢了,那么你现在有 15 000 美元。然后你第二张牌输了,那么你现在有 7500 美元。如果你先输后赢,你还是会有 7500 美元。所以,每次你一赢一输,就会损失 $\frac{1}{4}$ 的钱。所以,你最终得到的是$\left(\dfrac{3}{4}\right)^{45} \times \left(\dfrac{3}{2}\right)^{10} \times 10\ 000$,四舍五入后的结果是 1.38 美元。惊讶吗? 有了这些知识,一个卑鄙的骗子肯定可以占一个"朋友"的便宜。

一点推理

有时问题看起来极为简单,但要得到正确的解答,就需要多做一点推理。考虑下面这个例子,两个学生玩牌,每场游戏的赢家得到 1 美元。到了晚上,一个学生赢了 5 场游戏,另一个学生赢了 5 美元。问题是,要玩多少场游戏才能得到这个结果?

通过一些逻辑推理,我们会得出这样的结论:一个学生赢了 5 场游戏,得到 5 美元。另一个学生赢 5 场游戏能打成平局,再赢 5 场游戏才能赢得 5 美元。计算结果是,总共玩了 15 场游戏。

硬币的娱乐

有些趣味数学活动需要一些逻辑思维,它们可以通过代数或数学的其他传统方面来加以解释。不过,最重要的是,它们很容易理解,并且会产生真正意想不到的结果,因此确实会带来乐趣。一个这样的例子可以用硬币来完成,它将向你的观众表明,一些巧妙的推理,再加上非常基础的代数知识,会如何有助于弄清楚一个意想不到的结果。虽然这个问题在前言中已经提到过了,但我们还是要再提一遍,因为它正适合本章所讨论的内容,而且值得重复。

假设你和朋友坐在一间关了灯的黑屋子里的一张桌子旁。桌子上有 12 枚硬币,其中 5 枚正面朝上,7 枚反面朝上。她知道这些硬币在哪里,因此可以通过滑动硬币来混合它们。但是由于房间很暗,她不知道她碰到的那些硬币最初是正面朝上还是反面朝上。现在,你让她把硬币分成两堆,分别是 5 枚和 7 枚,然后翻转 5 枚那一堆中的所有硬币。令所有人惊叹的是,当灯打开时,两堆硬币中正面朝上的硬币数量一定是相等的。朋友的第一反应是"你一定在开玩笑!"怎么可能有人能在看不清硬币是正面朝上还是反面朝上的情况下完成这项任务呢?该趣味问题的解答一定会令这位朋友大受启发,同时也会表明代数符号怎样帮助人们理解问题。

现在让我们来看一下对这个令人惊讶的结果的解释。在这里,巧妙运用代数将是解释这个意外结果的关键,它简单得令人难以置信。让我们"切入正题"。这 12 枚硬币中,有 5 枚正面朝上,7 枚反面朝上。她在看不清硬币的情况下把它们分成两堆,每一堆分别有 5 枚和 7 枚。然后她翻转较少那堆中的 5 枚硬币。于是两堆中正面朝上的硬币数量就一样了。

好吧,稍做一点代数运算能在这里帮助我们理解实际上发生了什么。假设当她在黑暗的房间里把硬币分堆时,有 h 枚正面朝上的硬币在 7 枚那一堆里。于是在另一堆的 5 枚硬币里就会有 $5-h$ 枚正面朝上的硬币。为了得到 5 枚硬币那一堆中反面朝上的硬币数,我们从这堆硬币的总数

5 中减去正面朝上的 $(5-h)$ 枚,得到 $5-(5-h)=h$ 枚反面朝上的硬币。

5 枚的硬币堆	7 枚的硬币堆
$5-h$ 枚正面朝上 $5-(5-h)=h$ 枚反面朝上	h 枚正面朝上

当她翻转较少那堆(5 枚的硬币堆)中的所有硬币时,$(5-h)$ 枚正面朝上的硬币变成了反面朝上,而 h 枚反面朝上的硬币变成了正面朝上。现在每一堆都有 h 枚正面朝上的硬币了!

将较少那堆中的硬币翻转后的情况

5 枚的硬币堆	7 枚的硬币堆
$5-h$ 枚反面朝上 h 枚正面朝上	h 枚正面朝上

这个绝对令人惊讶的结果将向你展示:最简单的代数运算怎样解释了数学的有趣一面。

巧妙的猜测

如果你想给观众留下深刻的印象,那么你可能需要提出一个很好的逻辑问题,而它的解答也颇有点出乎意料。假设你有 3 个盒子,每个盒子里有 2 个球。一个盒子里有 2 个黑色的球,另一个盒子里有 2 个白色的球,还有一个盒子里有 1 个黑色的球和 1 个白色的球。我们在图 2.26 中显示了这 3 个盒子,不过,这些盒子的标签都写错了。换句话说,没有一个盒子上面的字正确标记了它里面的内容。

图 2.26

这里提出的问题是,我们如何才能通过最有效的方式,每次仅从一个盒子里取出 1 个球,就能确定每个盒子里的真实内容? 也就是说,我们要找到确定各盒子内容的最少抽样次数。这个解答的美妙之处在于,只要巧妙地从一个盒子里取出 1 个球,就能确定每个盒子里的内容。请记住,你在图 2.26 中看到的盒子上的所有标签都不正确。

以下就是最佳解答。我们将从标记为"黑白"的盒子里取出 1 个球,然后使用以下逻辑推理来确定这些盒子里的内容。如果抽到的球是黑色的,那么你就知道另一个球不可能是白色的,因为"黑白"这个标签不正确。因此,这一定是装有 2 个黑球的盒子。

我们知道标有"白白"的盒子里不可能有 2 个白色的球。此外,这个盒子里也不可能有 2 个黑球,因为我们已经确定 2 个黑球在另一个盒子里。因此,这个盒子里必定装有 1 个黑球和 1 个白球。于是,标记为"黑黑"的盒子里必定装有 2 个白色的球。这肯定会引发观众的一些思考,尤其是会感受到逻辑思维的力量。

换一个角度看问题

在用于解决数学问题的许多特别策略之中,有一个策略是从不同的角度来处理问题。这可以让我们避免"撞墙",也就是避免受挫。也许,下面这个例子是其中的一个经典,因为它非常简单,各种解答方法又有显著的差异。在这个例子中,常用的方法可以导出正确的答案,但很麻烦,并且常常容易造成一些计算错误。这个问题如下:

在一所有 25 个班级的学校里,每个班级都组建了一支篮球队,参加全校范围的锦标赛。在本次锦标赛中,一支球队只要输了一场比赛,就会立即被淘汰。学校只有一个体育馆,校长想知道,要在这个体育馆里打多少场比赛,才能产生冠军。

这个问题的典型解答可能如下。为了模拟真实的锦标赛,我们首先让 12 支随机选择的球队与第二组 12 支队伍比赛,剩下 1 支球队抽签轮空,即不用经过比赛而进入下一轮。然后获胜的球队继续对抗,整个流程如下:

- 任意 12 支球队对任意其他 12 支球队,留下 12 支获胜的球队。
- 6 支获胜的球队对另 6 支获胜的球队,留下 6 支获胜的球队。
- 3 支获胜的球队对另 3 支获胜的球队,留下 3 支获胜的球队。
- 3 支获胜的球队 + 1 支球队(这支球队之前轮空)=4 支球队。
- 2 支剩下的球队对 2 支剩下的球队,留下 2 支获胜的球队。
- 1 支球队对 1 支球队,产生冠军!

现在计算打过的比赛场数,得到:

比赛的球队数	比赛的场数	获胜的球队数
24	**12**	12
12	**6**	6
6	**3**	3
3 + 1 = 4	**2**	2
2	**1**	1

比赛的总场数为 $12+6+3+2+1=24$。

这似乎是一个非常合理的解答方法，当然也是一个正确的方法。但是，从另一个角度来处理这个问题会容易得多。这就是，不要像我们在前面的解答中所做的那样考虑获胜球队，而是去考虑被淘汰的球队。在这种情况下，我们可以自问一下，为了产生冠军，在这一赛事中必须有多少支球队被淘汰？显然，从最初的 25 支球队开始，必须有 24 支球队被淘汰。要让 24 支球队被淘汰，就需要打 24 场比赛，这样问题就解决了。换一个角度看问题是一种奇特的方法，在各种情况下都很有用。

另一个不同的角度是，为了方便解题，将这 25 支球队中的 1 支视为职业篮球队，它确定能赢得这场锦标赛。剩下的 24 支球队都与这支职业球队交手，结果都输了。我们再次看到，产生冠军需要打 24 场比赛。这些逻辑推理向观众们展示了这种解题技巧的力量。

处理无穷

很多时候,观众们会将无穷的概念视为理所当然。然而,当被要求比较无穷大的正整数集合{1,2,3,4,5,…}和无穷大的偶数集合{2,4,6,8,…}的大小时,他们可能很难接受它们大小相等这一事实。一般人会认为这是不合逻辑的,既然在后一个集合中,奇数都缺失了,那么这两个集合怎么可能大小相等呢?最好的解释是,对于正整数集合中的每一个数,偶数集合中都有一个搭档元素;因此这两个集合之间就存在着一个一对一的对应关系,这就使它们的大小相等。这一点成立的原因正是因为它们的大小都是无穷的。

让我们看看无穷这个概念如何帮助我们解答一个涉及它的几何问题。

在图 2.27 中有一个等腰三角形和一系列无穷多个圆,除了三角形的内切圆外,其余的每个圆都与等腰三角形的两边及相邻的圆相切。这个等腰三角形的三边长分别为 13,13,10。我们要求这些圆的周长之和。

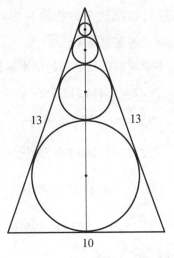

图 2.27

问题听起来很单调乏味,这里的一种常见方法是求出每个圆的周长,然后求它们的和。这会是一个非常复杂的计算,但是仔细做的话,是可以得出一个正确解答的。

一个更优雅的方法是考虑无穷的特殊性质,并从另一个角度来考虑这个问题。利用毕达哥拉斯定理,我们求出这个等腰三角形的高为12。我们还注意到,这些圆的直径之和就等于此等腰三角形的高,因为有无穷多个圆。一个圆的周长是其直径的 π 倍。因此,无穷多个圆的周长之和就等于其直径之和乘以 π,即12π。在这里,观众们可以再次领略无穷给数学带来的好处。

既然现在观众对无穷的概念越来越熟悉了,你可以让他们尝试找到满足方程 $x^{x^{x^{x^{x^{\cdot^{\cdot^{\cdot}}}}}}}=2$ 的 x 值。

乍一看,大多数人都会不知所措,不知道该如何处理这个问题。这一类问题可能会相当令人灰心。然而,一旦展示出了它的解法,问题就会变得相当简单,很容易解决。

我们可以把这看作是一种极限情况。首先注意到,在这个幂之塔中有无穷多个 x。由于无穷的性质,去掉其中一个 x 不会对最终结果产生任何影响。因此,去掉第一个 x,我们发现这个幂之塔中所有剩余的 x 也必须等于 2。这样我们就可以把这个方程改写为 $x^2=2$。然后得出 $x=\pm\sqrt{2}$。如果取正数根,那么答案就是 $x=\sqrt{2}$。

下面你可以看到,不断增加指数会如何越来越接近2。

$$\sqrt{2}=1.414\,213\,562\cdots$$

$$\sqrt{2}^{\sqrt{2}}=1.632\,526\,919\cdots$$

$$\sqrt{2}^{\sqrt{2}^{\sqrt{2}}}=1.760\,839\,555\cdots$$

$$\sqrt{2}^{\sqrt{2}^{\sqrt{2}^{\sqrt{2}}}}=1.840\,910\,869\cdots$$

$$\sqrt{2}^{\sqrt{2}^{\sqrt{2}^{\sqrt{2}^{\sqrt{2}}}}}=1.892\,712\,696\cdots$$

$$\sqrt{2}^{\sqrt{2}^{\sqrt{2}^{\sqrt{2}^{\sqrt{2}^{\sqrt{2}}}}}}=1.926\,999\,701\cdots$$

$$\vdots$$

于是,对于一个看起来非常复杂的问题,我们有了一个非常简单的解法。

再举一个如何简化涉及无穷问题的例子,即求下面这个无穷嵌套的根:$\sqrt{2+\sqrt{2+\sqrt{2+\sqrt{2+\sqrt{2+\sqrt{2+\cdots}}}}}}$。我们再次意识到无穷的效应,因此不用直接去求它的值,而是令它等于 x,于是 $x = \sqrt{2+\sqrt{2+\sqrt{2+\sqrt{2+\sqrt{2+\sqrt{2+\cdots}}}}}}$,然后对两边平方,就得到 $x^2 = 2 + \sqrt{2+\sqrt{2+\sqrt{2+\sqrt{2+\sqrt{2+\cdots}}}}}$。当我们去掉一层嵌套,这个无穷嵌套的值不会改变,因此这个方程可以写成 $x^2 = 2 + x$。转换成 $x^2 - x - 2 = 0$ 的形式,就很容易求解,因为我们有 $(x-2)(x+1) = 0$,其中的正根是 $x = 2$。这些例子应该能给观众足够的启发,去思考如何优雅地处理无穷。

幻方

前 9 个正整数的一种排列方式也会产生不少有趣的奇异现象。当这些数排列成一个方阵,并且每一行、每一列及每一条对角线都具有相同的总和时,我们将这种方阵称为幻方(magic square)。图 2.28 显示了这样一种排列。

4	9	2
3	5	7
8	1	6

图 2.28

一旦你向观众展示了这个幻方,他们就会想去试一试,看看每一行、每一列和每一条对角线的总和是否都相同,在本例中它是 15。为了用这个幻方进一步给他们带来乐趣,你可以让他们观察中间行、中间列和每一条对角线上的各数之间的关系。他们应该注意到这些数之差都是恒定的。例如,在包含 8,5,2 的那条对角线中,各数相差 3;而在中间行 3,5,7 中,各数相差 2。于是,他们会发现这 4 组三元数各有一个公差。

这个幻方还有很多有趣的特性,例如,如果我们取幻方中每个数的平方,会发现第一列和第三列的平方和是相等的。这一点可以从以下两式看出:$4^2 + 3^2 + 8^2 = 16 + 9 + 64 = 89, 2^2 + 7^2 + 6^2 = 4 + 49 + 36 = 89$。

同样,第一行和第三行的平方和也是相等的,可以看到:$4^2 + 9^2 + 2^2 = 16 + 81 + 4 = 101, 8^2 + 1^2 + 6^2 = 64 + 1 + 36 = 101$。

为了进一步提供一些乐趣,请考虑中间一列和中间一行的平方和,毕竟 9 个数并没有全部用到:

中间一列的平方和是 $9^2 + 5^2 + 1^2 = 81 + 25 + 1 = 107$,中间一行的平方和是 $3^2 + 5^2 + 7^2 = 9 + 25 + 49 = 83$。

现在遇到一点很巧的事情。如果我们取各列的平方和,则分别有

89,107,89,你会发现中间列和两边列的平方和之差是18。

当我们考虑各行的平方和101,83,101时,中间行和两边行的平方和之差也是18。坦率地说,这可能有点出乎意料,如果没有一些引导,可能很难发现。

就好像这些还不够似的,这个幻方还有另一个不寻常的方面可以给观众带来乐趣,那就是,如果把每一行的3个数看作一个三位数,取它们的平方得到 $492^2 + 357^2 + 816^2 = 242\,064 + 127\,449 + 665\,856 = 1\,035\,369$。这个和与它们的逆序数的平方和是一样的,可以从下式看出:$294^2 + 753^2 + 618^2 = 86\,436 + 567\,009 + 381\,924 = 1\,035\,369$。同样的模式也适用于各列,$438^2 + 951^2 + 276^2 = 191\,844 + 904\,401 + 76\,176 = 1\,172\,421$,现在将各数逆序并求它们的平方和,得到 $834^2 + 159^2 + 672^2 = 695\,556 + 25\,281 + 451\,584 = 1\,172\,421$。这真是太神奇了,在向别人展示时应该加以强调。

更进一步,当我们将每条对角线上的3个数视为一个三位数,并考虑与它的逆序数的和时,会发现它们也是相等的,即 $456 + 654 = 1110$,而 $852 + 258 = 1110$。

我们正在讨论 3×3 幻方的话题,在这里提供一个非常不寻常的"幻方",如图2.29所示。这个"幻方"使用的不是加法,而是乘法,可以发现每一行、每一列和每条对角线都有相同的乘积。顺便说一下,对于填入不同数字的任何 3×3"乘法幻方"而言,这是可能的最小乘积(216)。

3	36	2
4	6	9
18	1	12

图 2.29

如果我们现在将4个角上的数与它们对角上的数互换,就得到了如图2.30所示的方阵排列。这种方阵排列似乎已经不能再被视为一个幻方了,但它仍然具有一种不同寻常的关系。如果将任何行、列或对角线两端的数相乘,然后除以其中间的数,就会发现它们全都相等,例如:$12 \times 18 \div 36 = 6$ 和 $4 \times 9 \div 6 = 6$。

12	36	18
4	6	9
2	1	3

图 2.30

正如我们自始至终在说的,当涉及数学中的意外时,惊喜不会缺席。让我们再次考虑最开始的那个 3×3 幻方,为了方便起见,我们在图 2.31 中再次展示它。

4	9	2
3	5	7
8	1	6

图 2.31

我们现在将 4 个角上的数与它们对角上的数互换,就像之前把"乘法幻方"转换成"除法幻方"那样,就得到了下面的方阵排列,如图 2.32 所示。这一次我们发现,当将任何行、列和对角线两端的数相加,然后减去其中间的数时,结果总是相同的,也就是 5。例如:$6 + 8 - 9 = 5$ 和 $8 + 4 - 7 = 5$。

6	9	8
3	5	7
2	1	4

图 2.32

如果我们只要求满足部分条件,即只需要各行和各列具有相同的乘积,那么可以得到图 2.33 所示的这个"准乘法幻方"。

10	4	3
12	2	5
1	15	8

图 2.33

无论采用乘法还是加法,用幻方都可以带来更多的乐趣。有雄心的读者可能想尝试构造其他类型的幻方,并学习构造它们的流程。我们将在本章后面部分探讨正确幻方的构建。

为了增加幻方的趣味性,请考虑图 2.34 所示的幻方,其中所有的行、列和对角线不仅具有相同的和,而且具有相同的乘积。满足这种条件的最小幻方是一个 8×8 幻方,最初是由美国数学教师霍纳(Walter W. Horner)于 1955 年构造出来的。其各行、各列和各对角线的公共和是 840,而它们的公共乘积是 2 058 068 231 856 000。我们选择相信霍纳先生的话,除非有一位有雄心的观众愿意将每一行、每一列、每一条对角线相乘来测试一下这些乘积。

162	207	51	26	133	120	116	25
105	152	100	29	138	243	39	34
92	27	91	136	45	38	150	261
57	30	174	225	108	23	119	104
58	75	171	90	17	52	216	161
13	68	184	189	50	87	135	114
200	203	15	76	117	102	46	81
153	78	54	69	232	175	19	60

图 2.34

全非幻方

在我们离开数的 3×3 方阵排列这个话题之前，还可以向观众发起挑战，让他们找到用 1 到 9 这些数字构成的方阵排列，其中没有任何行、列或对角线有相同的和。有很多方法可以构造出这样一个全非幻方。这里有两个非常吸引人的例子，其中的数是以相当接近螺旋的形式出现的——从图 2.35 的左上角开始构成顺时针螺旋，从图 2.36 的中间开始构成逆时针螺旋。

1	2	3
8	9	4
7	6	5

图 2.35

9	8	7
2	1	6
3	4	5

图 2.36

观众可能希望尝试构造其他的全非幻方，比如图 2.37 所示的这一个。

4	3	5
1	9	7
8	6	2

图 2.37

构造幻方很有挑战性，但构造全非幻方也同样很有挑战性，而且也可以带来乐趣。

印度幻方

现在回到经典幻方话题,几个世纪来它一直是人们的乐趣来源。在古代,有好几个地方出现了幻方。我们即将介绍的一个幻方出现在 10 世纪的印度,被称为 Chautisa Yantra,它是在印度克久拉霍(Khajuraho)的耆那教神庙(Parshvanath Jain temple,见图 2.38)中被发现的。

图 2.38

也许我们本来应该从这个印度幻方开始这一系列主题,因为通行世界的数系确实起源于印度,正如我们之前在第 1 章中提到的。回想一下,这些数字在 1202 年第一次出现在欧洲,那是在斐波那契的《计算之书》引言的第一句话中。这个印度 4×4 幻方如图 2.39 所示,其每一行、每一列和每条对角线的总和都是 34。

在图 2.40—2.42 中,利用两种颜色的阴影,我们可以方便地得到所有行、列和对角线的总和都是 34。

图 2.39　Chautisa Yantra

7	12	1	14
2	13	8	11
16	3	10	5
9	6	15	4

7	12	1	14
2	13	8	11
16	3	10	5
9	6	15	4

图 2.40

7	12	1	14
2	13	8	11
16	3	10	5
9	6	15	4

图 2.41

7	12	1	14
2	13	8	11
16	3	10	5
9	6	15	4

图 2.42

　　让这个特殊的幻方尤为特别的是,还有一些4个方格的其他组合,它们的总和也是34。我们在图2.43和图2.44中用明暗阴影标明的2×2方阵来表示这些单元。

7	12	1	14
2	13	8	11
16	3	10	5
9	6	15	4

图 2.43

7	12	1	14
2	13	8	11
16	3	10	5
9	6	15	4

图 2.44

7	12	1	14
2	13	8	11
16	3	10	5
9	6	15	4

图 2.45

　　在图2.45中,我们看到其对边方格之和也产生了34这个数。

　　图2.46和图2.47显示了更多总和为34的组合。

7	12	1	14
2	13	8	11
16	3	10	5
9	6	15	4

7	12	1	14
2	13	8	11
16	3	10	5
9	6	15	4

图 2.46

7	12	1	14
2	13	8	11
16	3	10	5
9	6	15	4

7	12	1	14
2	13	8	11
16	3	10	5
9	6	15	4

图 2.47

丢勒幻方

我们知道 4×4 大小的幻方共有 880 个。不过,有一个幻方因其美妙和一些额外的属性脱颖而出——更不用说它奇特的外观了。这个特殊的幻方有许多超越了将数的方阵排列视为"幻方"所需的属性。甚至这个幻方为我们所知,也是通过艺术,而不是通过通常的数学途径。它被居住在纽伦堡的著名德国艺术家丢勒(Albrecht Dürer, 1471—1528)描绘在他1514 年的著名版画《忧郁之一》的背景之中(见图 2.48)。

图 2.48 《忧郁之一》(*Melencolia I*), 丢勒, 1514

当我们准备开始研究丢勒版画中的这个幻方时,首先应该注意到,丢勒的大多数作品上都会有他的名字首字母署名,其中 A 叠在 D 的上面,作品的创作年份也包含在其中。我们在这幅图右下角附近的阴影区域找到了它,并在图 2.49 中突出显示,它告诉我们丢勒是 1514 年创作这幅作品的。

图 2.49　丢勒的首字母 AD 和年份 1514

细心的读者可能会注意到,丢勒幻方最下面一行的两个中心方格也描绘了年份。让我们来更仔细地检查这个幻方(见图 2.50)。

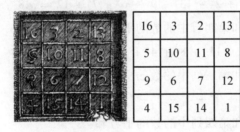

16	3	2	13
5	10	11	8
9	6	7	12
4	15	14	1

图 2.50　丢勒幻方

首先,让我们确定这确实是一个真正的幻方。我们计算每一行、每一列和每一条对角线的和,总是得到 34。也就是说,这个数字方阵具有被认定为是一个"幻方"所需要的一切。然而,这个丢勒幻方还有许多其他幻方所没有的特性。现在让我们惊叹一下这些额外的特性。

- 4 个角上的数之和等于 34:

$$16 + 13 + 1 + 4 = 34$$

- 4 个角上的 4 个 2×2 方阵的和等于 34:

$$16 + 3 + 5 + 10 = 34$$
$$2 + 13 + 11 + 8 = 34$$
$$9 + 6 + 4 + 15 = 34$$
$$7 + 12 + 14 + 1 = 34$$

- 中心的 2×2 方阵之和等于 34：
$$10 + 11 + 6 + 7 = 34$$

- 对角方格中的数之和等于非对角方格中的数之和：
$$16 + 10 + 7 + 1 + 4 + 6 + 11 + 13 = 3 + 2 + 8 + 12 + 14 + 15 + 9 + 5 = 68$$

- 对角方格中的数的平方和为：
$$16^2 + 10^2 + 7^2 + 1^2 + 4^2 + 6^2 + 11^2 + 13^2 = 748$$

这个数等于

□ 非对角方格中的数的平方和：
$$3^2 + 2^2 + 8^2 + 12^2 + 14^2 + 15^2 + 9^2 + 5^2 = 748$$

□ 第一行和第三行中的数的平方和：
$$16^2 + 3^2 + 2^2 + 13^2 + 9^2 + 6^2 + 7^2 + 12^2 = 748$$

□ 第二行和第四行中的数的平方和：
$$5^2 + 10^2 + 11^2 + 8^2 + 4^2 + 15^2 + 14^2 + 1^2 = 748$$

□ 第一列和第三列中的数的平方和：
$$16^2 + 5^2 + 9^2 + 4^2 + 2^2 + 11^2 + 7^2 + 14^2 = 748$$

□ 第二列和第四列中的数的平方和：
$$3^2 + 10^2 + 6^2 + 15^2 + 13^2 + 8^2 + 12^2 + 1^2 = 748$$

- 对角方格中的数的立方和等于非对角方格中的数的立方和：
$$16^3 + 10^3 + 7^3 + 1^3 + 4^3 + 6^3 + 11^3 + 13^3 = 3^3 + 2^3 + 8^3 + 12^3 + 14^3 + 15^3 + 9^3 + 5^3 = 9248$$

- 请注意下面这些美丽的对称性：
$$2 + 8 + 9 + 15 = 3 + 5 + 12 + 14 = 34$$
$$2^2 + 8^2 + 9^2 + 15^2 = 3^2 + 5^2 + 12^2 + 14^2 = 374$$
$$2^3 + 8^3 + 9^3 + 15^3 = 3^3 + 5^3 + 12^3 + 14^3 = 4624$$

- 将第一行与第二行相加,第三行与第四行相加,可产生一种令人愉悦的对称性:

16 + 5 = **21**	3 + 10 = **13**	2 + 11 = **13**	13 + 8 = **21**
9 + 4 = **13**	6 + 15 = **21**	7 + 14 = **21**	12 + 1 = **13**

- 将第一列与第二列相加,第三列与第四列相加,可产生一种令人愉悦的对称性:

16 + 3 = **19**	2 + 13 = **15**
5 + 10 = **15**	11 + 8 = **19**
9 + 6 = **15**	7 + 12 = **19**
4 + 15 = **19**	14 + 1 = **15**

有积极性的读者可能会希望在这个美丽的幻方中寻找出其他的模式。请记住,这并不是一个只需要所有的行、列和对角线具有相同和的典型幻方。丢勒幻方具有更多的特性。同样,为了寻找其他附加的特性,图 2.39 中的印度幻方也值得进一步探究。

幻方的一般性质

你可能想知道,印度幻方和丢勒幻方的"幻常数"(即每一行、每一列、每一条对角线的和)为什么都是 34。事实上,任何用从 1 到 16 这些数构成的 4×4 幻方的幻常数都是 34。这些数之和是 $1 + 2 + 3 + \cdots + 16 = 136$。在一个幻方中,每一行正好贡献出这个总数的四分之一。一共有 4 行,并且所有行都需要有相同的和,因此这个和就是 $136 \div 4 = 34$。根据幻方的定义,4×4 幻方的每一行、每一列和每一条对角线上的数字之和必定是 34。

用这个方法,我们甚至可以得到任意 $n \times n$ 幻方的一个幻常数公式。在第 1 章中,我们知道了前 n 个正整数之和是一个三角形数 T_n,而 T_n 由以下公式确定:

$$T_n = 1 + 2 + 3 + \cdots + (n-1) + n = \frac{n}{2}(n+1)$$

一个大小为 $n \times n$ 的幻方包含从 1 到 n^2 的所有正整数。将上述公式应用于这种情况,我们发现从 1 到 n^2 的正整数之和是

$$T_{(n^2)} = \frac{n^2}{2}(n^2 + 1)$$

如果要求 n 行中的每一行必须具有相同的和 S_n,那么每一行的和就必须是这个总和的 $\frac{1}{n}$,即 $S_n = \frac{T_{(n^2)}}{n} = \frac{n}{2}(n^2 + 1)$。

在一个幻方中,任何行、列或对角线的和都必须是这个数。

对于 $n = 3$,这个公式确实给出了前面讨论过的 3×3 幻方的幻常数:

$$S_3 = \frac{3}{2}(9 + 1) = 15$$

这里我们考虑的是由从 1 到 n^2 的所有正整数组成的幻方,其中行数或列数 n 被称为此幻方的阶(order)。不过,如果将一个幻方中的每个数都加上一个常数 k,就会得到另一个幻方,其数字范围为 $k + 1$ 到 $k + n^2$,幻常数为 $kn + S_n$。类似地,如果将一个幻方中的每个数都乘以一个常数 k,就会得到一个幻常数为 kS_n 的幻方。

一个合乎逻辑的问题是,我们如何构造出一个幻方? 丢勒是怎么想出那个特别的幻方的? 我们根据幻方的阶数,将它们分为三种类型:

(a) 奇数阶幻方(n 是奇数);

(b) 双偶阶幻方(n 是 4 的倍数);

(c) 单偶阶幻方(n 是 2 的倍数,但不是 4 的倍数)。

丢勒幻方是一个双偶阶幻方。

构造双偶阶幻方

既然我们知道了丢勒幻方,那就先来讨论如何构造双偶阶幻方(双偶意味着阶数可以被 4 整除)。让我们从其中最小的开始,即 4 × 4 幻方。我们通过以下方法来构造这个双偶阶幻方:首先按数字顺序放置方阵中的各个数,如图 2.51 左侧的方阵排列所示。

1	2	3	4
5	6	7	8
9	10	11	12
13	14	15	16

→

16	2	3	13
5	11	10	8
9	7	6	12
4	14	15	1

→

16	3	2	13
5	10	11	8
9	6	7	12
4	15	14	1

图 2.51

这并不是一个幻方,因为所有小的数都在第一行,而所有大的数都在最后一行。但快速检查一下就会发现,每条对角线上的和已经达到了要求的值 34。任意重新排列对角线上的数都不会改变它们的和。于是下一步,我们设法把一些大数放到方阵的上半部分。为此,我们沿着第一条对角线("主对角线")交换 1 和 16 这两个数,以及 6 和 11 这两个数。类似地,沿着次对角线,我们交换 13 和 4 这两个数,以及 10 和 7 这两个数。参与改变的方格在图 2.51 左侧的方阵中用阴影表示。这就产生了图 2.51 中间的那个方阵。我们现在已经让第一行中出现一些大的数了,事实上,沿着第一行的总和正好是 34!快速检查其余的行和列,可以发现这个方阵确实是一个幻方。(不用再次检查对角线,因为在对角线上交换数字不会改变其总和!)这样,我们就构造出了我们的第一个幻方!然而,我们得到的幻方与丢勒在他的版画《忧郁之一》中描绘的那个幻方是不一样的。丢勒显然互换了中间两列的位置,以让他的方阵显示出这幅画的创作日期,即最下面一行中间两个单元格中的 1514。由此产生的数字排列如图 2.51 右侧的方阵所示,这就是丢勒幻方,它实际上比我们第一步构造出来的幻方具有更多的特性。

一旦得到了一个幻方,你就可以试着从给定的幻方出发生成一个新的幻方。任何应用于最初幻方的改变都不应更改各行、各列和各条对角线的和。例如,如果你交换第二列和第三列,像上面图 2.51 中描述的、丢勒所做的第二步中那样,那么这对各行的和没有影响。但它可能会改变对角线上的和,因为这一步会交换对角线上的数。一般来说,这可以通过对换第二行和第三行来修复,这不会改变各列的和,但是恢复了对角线上的各个数。你可能想用图 2.39 中的印度幻方来试一试。如果只交换两个中心列,这个方阵就不再是一个幻方了。你还必须交换其中的两个中心行。丢勒幻方有一个特别之处是,当交换第二列和第三列时,它仍然是一个幻方(而且,当你交换第一列和第四列、第一行和第四行、第二行和第三行时,它也仍然是一个幻方)。

一般而言,交换第一列和第四列(或者交换第二列和第三列),然后交换相应的行,方阵将保持其"幻方属性"。

另一种从现有幻方构造出新幻方的一般方法是,将每个数都替换为它的补数。在一个 $n \times n$ 幻方中,数 a 的补数 b 是一个满足 $a + b = n^2 + 1$ 的数。在一个 4 阶幻方中,如果两个数的和是 17,那么这两个数就是互补的。因此,回过头来看,我们就能发现,图 2.51 中的第一步也可以描述为将对角线上的那 4 个数替换为其补数。

你可能希望使用这种技巧来生成新的幻方。4 阶幻方共有 880 个。顺便说一下,不存在 2 阶的幻方,而 3 阶幻方本质上只有一个,即图 2.31 中所示的那一个,因为所有 3 阶幻方都可以由这个原始幻方通过旋转或镜射得到。

下一个尺寸的双偶阶幻方是 8 阶的,也就是说,它有 8 行 8 列。同样,我们先按照数字顺序将各数放入方格中,如图 2.52 所示。

1	2	3	4	5	6	7	8
9	10	11	12	13	14	15	16
17	18	19	20	21	22	23	24
25	26	27	28	29	30	31	32
33	34	35	36	37	38	39	40
41	42	43	44	45	46	47	48
49	50	51	52	53	54	55	56
57	58	59	60	61	62	63	64

图 2.52

我们再一次将对角线上的数替换为它们的补数——在本例中，一个数与它的补数相加得到的和是65。不过，这里的对角线指的是包含在8×8方阵中的每个4×4方阵的对角线，即在图2.52中用阴影表示的这些数。改变了所有相应方格后形成的幻方如图2.53所示。

64	2	3	61	60	6	7	57
9	55	54	12	13	51	50	16
17	47	46	20	21	43	42	24
40	26	27	37	36	30	31	33
32	34	35	29	28	38	39	25
41	23	22	44	45	19	18	48
49	15	14	52	53	11	10	56
8	58	59	5	4	62	63	1

图 2.53

构造 3 阶幻方

我们是从 3×3 方阵开始讨论幻方的。正如之前所承诺的,我们现在将考虑构造所有可能的 3×3 幻方。首先考虑代表数字 1 到 9 的字母所构成的矩阵,如图 2.54 所示。在这里,各行、各列、各条对角线的总和分别用 r_j、c_j、d_j 表示。在 3 阶幻方中,所有这些和将等于幻常数 15。

	d_1 c_1	c_2	c_3 d_2
r_1	a	b	c
r_2	d	e	f
r_3	g	h	i

图 2.54

如果这确实是一个幻方,那么我们会得到 $r_2 + c_2 + d_1 + d_2 = 15 + 15 + 15 + 15 = 60$。

不过,这个和也可以写成

$$r_2 + c_2 + d_1 + d_2 = (d + e + f) + (b + e + h) + (a + e + i) + (c + e + g)$$
$$= 3e + (a + b + c + d + e + f + g + h + i) = 3e + 45$$

因此,$3e + 45 = 60$,即 $e = 5$。由此确定,3 阶幻方的中心位置必须由 5 这个数占据。

请回想一下,如果 n 阶幻方中的 2 个数之和是 $n^2 + 1$,那么就说它们是互补的。在 3×3 幻方中,如果 2 个数之和为 $9 + 1 = 10$,那么它们就是互补的。我们现在知道,5 两边的数都是互补的。例如,$a + i = d_1 - e = 15 - 5 = 10$,因此,$a$ 和 i 是互补的。g 和 c,b 和 h,d 和 f 这几对数也是如此。

现在让我们尝试把 1 放在一个角上,如图 2.55 所示。这时 $a = 1$,因此 i 必定是 9,才能使对角线加起来等于 15。接下来我们注意到,2,3,4 不能与 1 在同一行(或同一列),因为任何小于 9 的正整数放到这样一行(或一列)的第三个位置都不够大。于是只留下图 2.55 中的两个阴影位置可容纳这 3 个数(2,3,4)。这肯定做不到,因此我们的第

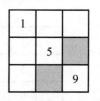

图 2.55

一次尝试失败了:1 和 9 这两个数只可能占据中间的一行(或一列)。

现在,我们必须从剩下的 4 个可能放置 1 的位置之一开始,比如说像图 2.56 左侧的方阵所示。我们注意到 3 这个数不能与 9 在同一行(或同一列),因为如果是这样的话,那么这一行(或一列)中的第三个数也必须是 3,才能获得所需的和 15。这是不可能的,因为每个数在幻方中只能使用一次。此外,我们在上面已经看到,3 也不能与 1 在同一行(或同一列)。这样就只留下图 2.56 左侧方阵中的两个阴影位置给 3 这个数了。与 3 互补的数是 7,因为 3 +5 +7 =15。

	1	
	5	
	9	

	1	
3	5	7
	9	

8	1	6
3	5	7
4	9	2

图 2.56　一个可能的幻方

我们用图 2.56 中间的方阵继续下去,它显示了放置 3 和 7 的两种可能性之一(另一种可能性是交换 3 和 7 的位置)。现在就很容易填写剩下的数了。只有一种这样的可能性,如图 2.56 右侧的方阵所示。

一共有多少个不同的 3 阶幻方?我们可以先把 1 这个数放在一边中间的 4 个位置中的任何一个。然后有两个放置 3 的可能位置。在此之后的构造就是唯一的了。这样就产生了 8 个幻方,如图 2.57 所示。

8	1	6
3	5	7
4	9	2

4	3	8
9	5	1
2	7	6

2	9	4
7	5	3
6	1	8

6	7	2
1	5	9
8	3	4

6	1	8
7	5	3
2	9	4

2	7	6
9	5	1
4	3	8

4	9	2
3	5	7
8	1	6

8	3	4
1	5	9
6	7	2

图 2.57

构造奇数阶幻方

现在,你可能想扩展这一技巧,以构造其他的奇数阶幻方。下一个比 3×3 幻方大一点的是 5 阶幻方。可以构造出许多 5×5 幻方。不过,这种技巧可能会变得有些乏味。下面是构造奇数阶幻方的一种相当机械的方法。

首先在中间一列的第一个位置放置 1。沿着图 2.58 中的对角线继续放置下一个相继的数。

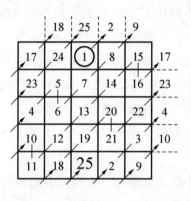

图 2.58

当你从方阵的一边离开时,就要从其对边再次进入。因此,图 2.58 中的灰色数字 2(它跑到了网格外面)必须放到最后一行。类似地,灰色数字 4 要放到第一列。沿对角线连续填充每个新方格,继续这一过程,直到遇到一个已经被占用的方格(在本例中是轮到 6 这个数时)。此时不能将接下去这个数放到已被占用的方格中,于是将它放在前一个数的下方。持续这个流程一直到最后一个数。经过对这个流程的一些练习,你会开始识别出某些模式(例如,最后一个数总是占据最下面一行的中间位置)。这只是构造奇数阶幻方的许多方法之一。不计旋转和镜射,共有 275 305 224 个不同的 5×5 幻方。更高阶的幻方究竟有多少个,我们不得而知。

构造单偶阶幻方

另一种不同的技巧被用于构造单偶阶幻方（即行数和列数都是偶数，但不是 4 的倍数）。任何单偶阶（比如说 n 阶）幻方都可以分成 4 个象限（如图 2.59）。为了方便起见，我们将这些象限标记为 A,B,C,D。

方阵的阶数 n 是一个单偶数，因此每个象限的阶数都必须是奇数。我们用 $k=2m+1(m=1,2,3,\cdots)$ 表示各象限的阶数。因为不存在 2 阶幻方，所以最小的单偶阶幻方是 6 阶，在这种情况下 $m=1,k=3$。

图 2.59

此时我们有 $n=2k=2(2m+1)=6,10,14,18,\cdots$（其中 $m=1,2,3,4,\cdots$）。

4 个象限中的每一个都包含 k^2 个不同的数。我们首先根据前面描述的方法创建一个阶数为 k 的奇数阶幻方。因此，对于 $n=6$ 和 $k=3$ 的情况，起点将是 3×3 幻方的变化形式之一。我们选择图 2.57 中所示的第一个幻方。

首先将这个幻方放入象限 A。对于 $n=6$ 的情况，我们按照如图 2.60 所示的方式构造出象限 B,C,D 中的幻方。

8	1	6	18+8	18+1	18+6
3	5	7	18+3	18+5	18+7
4	9	2	18+4	18+9	18+2
27+8	27+1	27+6	9+8	9+1	9+6
27+3	27+5	27+7	9+3	9+5	9+7
27+4	27+9	27+2	9+4	9+9	9+2

图 2.60

在这里，方阵 B 是通过将方阵 A 中的所有数都加上 k^2 得到的，方阵 C 是通过将方阵 B 中的所有数都加上 k^2 得到的，方阵 D 是通过将方阵 C 中

的所有数都加上 k^2 得到的。

回想一下，将一个幻方的所有数都加上一个固定的数，并不会改变幻方的属性：各行、各列以及各条对角线的总和仍将保持不变。因此，方阵 B,C,D 也都是幻方，只是它们不使用从 1 到 k^2 的数。例如，方阵 B 使用的是从 k^2+1 到 $2k^2$ 的数（对于 $n=6$ 的情况，使用的是从 10 到 18 的数）。用这种方法得到的 n 阶方阵如图 2.61 所示。虽然它的各个象限都是一个幻方，但它本身还不是幻方。

8	1	6	26	19	24
3	5	7	21	23	25
4	9	2	22	27	20
35	28	33	17	10	15
30	32	34	12	14	16
31	36	29	13	18	11

图 2.61

要继续构造出单偶阶幻方，就必须对此刻已经建立的这个方阵稍作调整。请回想一下，阶数 n 与整数 m 的关系是 $n=2(2m+1)$。

一般而言，调整可以如下进行：首先选取方阵 A 除中间一行外的每一行的前 m 个位置的数，对于中间那一行，我们将跳过第一个位置，然后选取接下去的 m 个位置的数。然后我们将这些位置上的数与下面方阵 D 中相应位置的数对换。接下来，我们选取方阵 C 每一行的后 $m-1$ 个位置的数，然后将它们与方阵 B 中相应位置的数对换。对于 $n=6$、$m=1$ 的情况，方阵 A 和方阵 D 中需要对换的位置在图 2.61 中用阴影表示。因为此时 $m-1=0$，所以右侧的方阵 B 和方阵 C 保持不变。结果得到的方阵如图 2.62 所示。你可以验证它确实是一个幻方。

35	1	6	26	19	24
3	32	7	21	23	25
31	9	2	22	27	20
8	28	33	17	10	15
30	5	34	12	14	16
4	36	29	13	18	11

图 2.62

我们用下一个尺寸的单偶阶幻方来再次说明这一流程,这种幻方的阶数为 $n=10$,此时 $m=2$。

（1）我们从一个 5 阶幻方开始,选取用前面介绍过的方法构造出来的幻方（图2.58）,放入象限 A。

（2）填充 $n \times n$ 方阵的其余象限。将象限 A 中的所有数都加上 25,构造出象限 B,然后像前面所做的那样继续下去,结果得到如图 2.63 左侧的方阵。

（3）选取方阵 A 除中间一行外的每一行的前 2 个位置的数,对中间那一行,则跳过第一个位置,然后选取之后 2 个位置的数。将这些位置上的数与方阵 D 中相应位置的数对换。

17	24	1	8	15	67	74	51	58	65
23	5	7	14	16	73	55	57	64	66
4	6	13	20	22	54	56	63	70	72
10	12	19	21	3	60	62	69	71	53
11	18	25	2	9	61	68	75	52	59
92	99	76	83	90	42	49	26	33	40
98	80	82	89	91	48	30	32	39	41
79	81	88	95	97	29	31	38	45	47
85	87	94	96	78	35	37	44	46	28
86	93	100	77	84	36	43	50	27	34

92	99	1	8	15	67	74	51	58	40
98	80	7	14	16	73	55	57	64	41
4	81	88	20	22	54	56	63	70	47
85	87	19	21	3	60	62	69	71	28
86	93	25	2	9	61	68	75	52	34
17	24	76	83	90	42	49	26	33	65
23	5	82	89	91	48	30	32	39	66
79	6	13	95	97	29	31	38	45	72
10	12	94	96	78	35	37	44	46	53
11	18	100	77	84	36	43	50	27	59

图 2.63

（4）为了完成这个幻方,我们选取方阵 C 和方阵 B 中每一行的最后 $m-1$ 个位置（这里就是最后一个位置,因为 $m-1=1$）上的数,并将它们对换。图 2.63 左侧的阴影部分表示了这些相应位置。这样就得到了如图2.63 右侧的方阵,它是一个幻方。

我们现在有了构造所有 3 种类型幻方的流程,包括奇数阶幻方、单偶阶幻方和双偶阶幻方。

字母幻方

为了娱乐，我们用一个奇趣幻方来结束关于幻方的讨论。你可以验证图 2.64 左侧的方阵是一个幻方。它的各行、各列和各条对角线之和都是 45。

12	28	5
8	15	22
25	2	18

twelve	twenty eight	five
eight	fifteen	twenty two
twenty five	two	eighteen

6	11	4
5	7	9
10	3	8

图 2.64

不过，它还有一个额外的属性，使其构成所谓的字母幻方（alphamagic square）。将这些数替换成它们的英文单词，成为图 2.64 中间的方阵。每个单词中的字母个数又生成了图 2.64 右侧的方阵。你可以计算所有行、列与对角线的和，或者注意到将图 2.57 下方第三个 3×3 幻方中的每个数加上 2 就可以得到它，就会相信它确实是一个幻方。（请记住，将一个幻方中的每个数都加上一个常数会生成一个新的幻方。）

顺序方阵

在展示了所有行、列和对角线都具有相同和的大量幻方之后,你可以对观众提出一个很好的挑战——寻找一个 4×4 方阵排列,其中各行、各列和各条对角线的和都不相同,特别是每一个和所给出的数能够形成一组顺序数。图 2.65 提供了一种解答,其中所显示的各行、各列和各条对角线的和形成了一组顺序数:30,31,32,33,34,35,36,37,38,39。

	15	2	12	4	33
	1	14	10	5	30
	8	9	3	16	36
	11	13	6	7	37
34	35	38	31	32	39

图 2.65

现在你已经为观众们提供了大量的乐趣,包括奇数阶、单偶阶、双偶阶幻方,以及一些奇异类型的全非幻方。也许这将引导他们进一步去探究数的方阵排列,例如下面的这些。

平方数幻方

著名数学家常常会为我们展示一些数学的有趣方面。例如,1770年,瑞士数学家欧拉构造了一个幻方,其中所有的项都是平方数。在图2.66所示的欧拉幻方中,所有行、列和对角线的和都是8515。这个幻方故意没有使用相继数。

68^2	29^2	41^2	37^2
17^2	31^2	79^2	32^2
59^2	28^2	23^2	61^2
11^2	77^2	8^2	49^2

图 2.66

到目前为止,我们还不知道能否全部用平方数来构造一个 3×3 幻方。不过,法国数学家博伊尔(Christian Boyer)构造出了全部由平方数组成的 5×5 幻方、6×6 幻方,以及一个特别的 7×7 幻方,其中的各项是 0^2 到 48^2 之间的相继整数的平方,如图2.67所示。

25^2	45^2	15^2	14^2	44^2	5^2	20^2
16^2	10^2	22^2	6^2	46^2	26^2	42^2
48^2	9^2	18^2	41^2	27^2	13^2	12^2
34^2	37^2	31^2	33^2	0^2	29^2	4^2
19^2	7^2	35^2	30^2	1^2	36^2	40^2
21^2	32^2	2^2	39^2	23^2	43^2	8^2
17^2	28^2	47^2	3^2	11^2	24^2	38^2

图 2.67

为了获得更多的乐趣,我们还可以更进一步,找一个幻方,使得当将其每个方格中的数都取平方时,仍然得到一个幻方。波兰数学家罗布列夫斯基(Jaroslaw Wroblewski)提供了一个这样的例子。初始幻方的各行、各列和各条对角线之和都是408,如图2.68所示。而由这些数的平方所组成的幻方,其各行、各列和各条对角线之和都是36 826,如图2.69所示。

17	36	55	124	62	114
58	40	129	50	111	20
108	135	34	44	38	49
87	98	92	102	1	28
116	25	86	7	96	78
22	74	12	81	100	119

图 2.68

17^2	36^2	55^2	124^2	62^2	114^2
58^2	40^2	129^2	50^2	111^2	20^2
108^2	135^2	34^2	44^2	38^2	49^2
87^2	98^2	92^2	102^2	1^2	28^2
116^2	25^2	86^2	7^2	96^2	78^2
22^2	74^2	12^2	81^2	100^2	119^2

图 2.69

如果你想给观众留下更加深刻的印象,你可以进一步向他们表明,还有由立方数构成的幻方。比如摩根斯坦(Lee Morgenstern)构造了一个准幻方,它只有各行、各列的和是相同的,如图2.70所示。每一行、每一列的和都是7 095 816,有雄心的观众可以验证这一点!

16^3	20^3	18^3	192^3
180^3	81^3	90^3	15^3
108^3	135^3	150^3	9^3
2^3	160^3	144^3	24^3

图 2.70

11^3	9^3	15^3	61^3	18^3	40^3	27^3	68^3
21^3	34^3	64^3	57^3	32^3	24^3	45^3	14^3
38^3	3^3	58^3	8^3	66^3	2^3	46^3	10^3
63^3	31^3	41^3	30^3	13^3	42^3	39^3	50^3
37^3	51^3	12^3	6^3	54^3	65^3	23^3	19^3
47^3	36^3	43^3	33^3	29^3	59^3	52^3	4^3
55^3	53^3	20^3	49^3	25^3	16^3	5^3	56^3
1^3	62^3	26^3	35^3	48^3	7^3	60^3	22^3

图 2.71

实际上,由立方数构成的最小的真正的幻方,是德国数学教师特朗普(Walter Trump)在2008年构造的一个8×8幻方,如图2.71所示。它的

逗乐百万人的趣味数学问题　数学奇趣

所有行、列和对角线的和都是636 363。

尽管对于大多数普通观众而言，这可能有点超出预期，但他们仍然会认为这非常有趣，也许有些人还会去进一步探究其他类似的幻方。

乘法幻方

寻找一种排列，使一个 3×3 方阵中的每一行和每一列产生相同的积，而不是使其每一行和每一列具有相同的和。我们在图 2.72 中展示了这样一个排列。（请注意：这个方阵中的两条对角线并无这一性质。）构造这样一个"乘法幻方"也许更加困难，但也很有挑战性，并且充满乐趣。

其实，我们之前已经接触过"乘法幻方"，并且展示了一个每一条对角线也符合要求的例子，请参见图 2.29。

1	12	10
15	2	4
8	5	3

图 2.72

上下颠倒的幻方

为了提供进一步的乐趣,我们在这里展示一个很不寻常的幻方。这个幻方可以从不同的方向看,虽然其中的数会不同,但结果却一样。也就是说,如果将图 2.73 中所示的幻方上下颠倒,那么每一行、每一列和每一条对角线的和仍然是 264。

96	11	89	68
88	69	91	16
61	86	18	99
19	98	66	81

图 2.73

此外,还有许多其他的方格组合也会给出相同的和 264,例如 4 个角上的方格,或者左右两列的两个中心单元给出 88 + 61 + 16 + 99 = 264。有更多的 4 个方格组合会给出 264 这个和,让观众们搜索一番,看看能找到多少不同的组合。

图 2.74 显示了另一个可以上下颠倒的幻方,不过这次的数字要大一点,得到的和是 19 998。

1118	8181	1888	8811
8888	1811	8118	1181
8111	1188	8881	1818
1881	8818	1111	8188

图 2.74

同样,还有许多其他的 4 个方格组合也会产生 19 998 这个和。又增加了一点乐趣!

幻三角

我们已经有了一套相当完整的幻方来提供乐趣,现在稍稍改变一下议程,考虑一个具有某些奇幻特性的三角形。我们要找到一些数填入图 2.75 所示的三角形排列中,使每对相邻数的差可由它们中间上方的那个数来表示。例如,我们在图 2.75 中提供了一个示例,说明如何将一对相邻数之差放置在它们的中间上方。

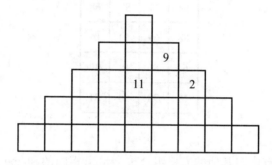

图 2.75

在给观众足够的时间尝试解决这个问题之后,你可能希望通过适当地插入 14 和 15 这两个数来提供进一步的线索,这应该能让他们找到一条路径,得出一个成功的解答,如图 2.76 所示。

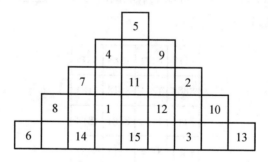

图 2.76

幻五角星

我们已经通过一些幻方和一个幻三角得到了很多乐趣,下面再来一个幻五角星。在图 2.77 中有一个标记了所有交点的五角星。我们要将每个字母都替换为一个数,从而使 5 条直线中的每一条上的 4 个数之和都等于 24。

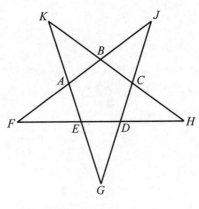

图 2.77

首先应该说明,这个问题是不可能用任何相继数的序列来解答的。选择 24 这个数,是因为它是在不引入负数的情况下能得到的最小的和。如果你想用其他类似挑战给你的观众带来乐趣,那么你可以要求他们只使用偶数。在图 2.78 中,我们提供了一种解答,其中每条直线上的 4 个数之和都是 24。

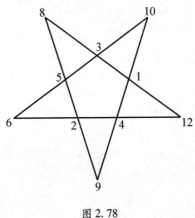

图 2.78

虽然你可以将一个数使用多次来得到一个正确的解答，但让所有的数都相同显然没什么意义。你也可以使用负数来增加趣味性和挑战性。

瞬时计算

我们有时可以通过展示一点数学技巧来给观众带来乐趣。下面将要揭示的一个技巧会使你做加法的速度比观众快得多。使用图 2.79 所示的数字阵列,它有 5 列 6 行。让观众从这个数字阵列的 5 列中各选择一个数,然后把它们相加,得到一个和。然而,只要遵循我们即将揭示的这个流程,你就能够瞬间得到这个和。简而言之,你只要把被选中的每个数的个位数字相加,然后用 50 减去该数,再将所得的差与之前的个位数字之和相连,构成一个四位数。也许最好用一个例子来说明它是如何工作的。

366	642	582	278	558
762	147	285	377	954
69	345	186	872	756
564	48	384	674	459
168	246	87	575	657
663	543	483	179	855

图 2.79

按照上面的指示,假设你的观众选择了 762,246,87,872,459,然后必须相加得到它们的和。与此同时,你需要做的就是求出这些数的个位数字之和:$2+6+7+2+9=26$,然后用 50 减去这个数,得到 $50-26=24$。你只需要把最后两个得到的数(24 和 26)连在一起,构成 2426,就得到了答案。为了能够更好地理解,我们再提供一个例子,比如让观众将所选的下列各数相加:$663+48+582+377+954$。你还是将每个选定数的个位数字相加:$3+8+2+7+4=24$。然后用 50 减去这个数得到 26,再把这两个数相连,就得到了要求的答案,即 2624。你应该不需要太多的练习就能重复这一流程。

此时，观众可能会想知道，你是如何这么迅速地完成这个加法的。诀窍在于，这个阵列中的数是按以下方式选出来的：每一列的所有数都具有相同的十位数字，而在各列中每一个个位数字加上百位数字所得的和也相同。（当没有百位数字时，我们用一个零补上。）稍加思考，这里所使用的诡计就暴露出来了，而观众们由此也能创造出类似的加法技巧①。

---

① 关于图 2.79 这道题的说明，请参见译者撰写的附录 D。——译注

纪念 1952 年在纽约设立联合国总部

我们在这里提供一个有趣的数字阵列,当遵循一个特定的规则时,它将始终产生 1952 这个和。考虑图 2.80 所示的数字阵列。

212	316	413	515	614
203	307	404	506	605
190	294	391	493	592
176	280	377	479	578
161	265	362	464	563

图 2.80

让观众按以下流程操作:先从图 2.80 所示的阵列中任意选择一个数,然后选择第二个数,它与前一个数不在同一行和同一列。继续选择第三个数,它与前两个数都不在同一行和同一列。再次选择第四个数,它与先前选定的任何数都不在同一行和同一列,此时只剩下一个数不在先前的任何行和列中了。让我们来考虑一个可能的过程。假设我们选择 203 这个数,它在第一列第二行,这告诉我们,这一行和这一列后面不能再选用了。然后我们选择 294 这个数,于是后面就不能再选用第二列和第三行。我们的下一个选择是 377 这个数,再次消除了后面选择第三列和第四行的可能性。第四个选择是 464 这个数,于是就不能再选用第四列和第五行了。剩下可供选择的只有 614 这一个数,它在第一行第五列,这一行和这一列以前都没有选用过。现在求出这些数的和:203 + 294 + 377 + 464 + 614 = 1952。因此,我们现在有一种技巧来纪念纽约联合国总部成立的那一年。

称量硬币的逻辑

这里有一个以趣味方式使用逻辑的问题。

假设你有 8 枚硬币，你知道其中有 1 枚是假币，而且比其他 7 枚真币稍重一点。使用一架简单的天平，如何恰好用 2 次称量来确定哪一枚是假币？

首先将 8 枚硬币分成 3 组，两组 3 枚，一组 2 枚。第一次称量时，将两组 3 枚硬币分别放在天平的两端。如果它们平衡，那么你就知道较重的硬币一定在 2 枚硬币的那一组里，对这 2 枚硬币再进行一次称量，就能确定哪枚硬币较重。另一种情况，如果两组 3 枚硬币不平衡，则取较重的 3 枚硬币那一组，将其中任意 2 枚硬币放在天平两端称量。如果它们平衡，那么较重的硬币是这组硬币中的第 3 枚；如果它们不平衡，那么你马上就知道哪枚硬币较重了。

称量方案

另一个称重问题可能出现在一个蔬菜市场:有人希望仅使用 4 个不同重量的砝码来测量出从 1 磅[①]到 40 磅的所有整数磅。为了能够通过增减这 4 个砝码来称量出所有这些磅数,这些砝码的重量必须是多大?

结果表明,使用 1 磅、3 磅、9 磅、27 磅这 4 个砝码,就可以称量出从 1 磅到 40 磅的所有整数磅。例如,要称量一件 7 磅重的物品,那么所使用的砝码应该是 $1 + 9 - 3 = 7$[②]。要称量一件 39 磅重的物品,就需要下列砝码:$3 + 9 + 27 = 39$。观众在设法弄清楚如何用这 4 个砝码来称量出所有整数磅物品的过程中,应该会得到许多乐趣。

---

① 1 磅约为 454 克。——译注
② 这里的"−3"表示将 3 磅的砝码放在天平的另一边。——译注

自动扶梯赛跑

这里有一个棘手的问题,需要一点逻辑思维和一点代数知识。

两个人正沿着长长的自动扶梯往上跑,其中一个人的速度是另一个人的 3 倍。在自动扶梯上跑时,快的人跑了 75 步,慢的人跑了 50 步。如果自动扶梯停下来,那么可以数出(看见)多少个台阶?

正如在学校里学过的,我们通常设 x 等于要求的量,在本例中就是可见的自动扶梯台阶数。于是,台阶数是每个人跑的步数加上他们在扶梯上跑的过程中离开可见范围的台阶数之和。设这两个人的速率分别为 r 和 $3r$,自动扶梯的速率是 R。于是我们可以建立下列关系:

$$\frac{r}{R} = \frac{50}{x-50} \text{和} \frac{3r}{R} = \frac{75}{x-75}$$

求解该方程组的一种方法是将第一个方程乘以 3,得到 $\frac{3r}{R} = \frac{150}{x-50}$,于是就可以列出以下方程:

$$\frac{75}{x-75} = \frac{150}{x-50}$$

可以改写成:$75(x-50) = 150(x-75)$,解得 $x = 100$。我们还附带发现,跑得慢的人的速率与自动扶梯的速率相同。

蒙提·霍尔问题

"让我们来做笔交易"（Let's Make a Deal）是一档长盛不衰的电视游戏节目，这档节目以一种问题情境为其特色。一位随机选择的观众被请上台，并向她展示 3 扇门。要求她选择其中一扇门，希望能选中的是后面有一辆汽车的那扇门，而不是另外两扇之一，那两扇门后面分别有一头毛驴。这里只有一点点难处：在参与者做出她的选择之后，主持人蒙提·霍尔（Monty Hall）会打开一扇未被选中的门，门后有一头毛驴（另外两扇门仍然未被打开），并且询问这位参与者，她是想要维持自己原来的选择（这项选择尚未开门揭晓），还是想要转换成另一扇未打开的门。这个时候，为了提升悬念，其余的观众会用看起来似乎相等的频率大喊"坚持"或者"转换"。问题在于该怎么办？结果会有所不同吗？如果是这样的话，哪种策略用在此处比较好（也就是具有更大的赢率）？现在让我们来一步一步地观察这个过程，而结果会逐渐变得清晰。

在这些门的后面有两头毛驴和一辆汽车。

你必须设法得到这辆汽车。你选择了 3 号门（如图 2.81）。

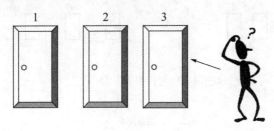

图 2.81

蒙提·霍尔打开了你没有选中的两扇门之一，门后有一头毛驴（如图 2.82）。

图 2.82

他问道:"你仍然想要你首选的那扇门,还是想要转换成另外那扇关闭着的门?"

为了有助于做出决定,请考虑一种极端情况:

假设有 1000 扇门,而不仅仅是 3 扇门(如图 2.83)。

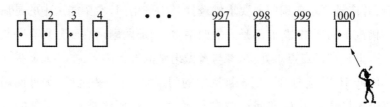

图 2.83

你选择第 1000 号门。你有多大的可能性选对了门?

"可能性很小",因为选对门的概率是 $\frac{1}{1000}$。

这辆汽车在其余这些门中的一扇之后,这种可能性有多大?

"可能性很大",有 $\frac{999}{1000}$(如图 2.84)。

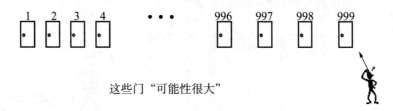

这些门"可能性很大"

图 2.84

现在,蒙提·霍尔打开除了一扇门(比如说是 1 号门)之外的所有门(2—999 号门),每扇门后都有一头驴(如图 2.85)。

我们现在已准备好回答这个问题了。哪一种是比较好的选择:

● 1000 号门("可能性很小"的门)?

● 1 号门("可能性很大"的门)?

现在答案显而易见了。我们应该选择那扇"可能性很大"的门,这就意味着"转换"是这位参与者要遵循的较好策略。与我们试图分析 3 扇

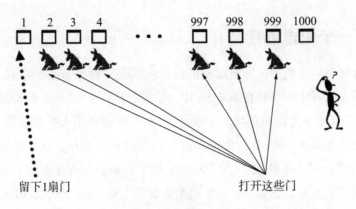

留下1扇门　　　　　　　　　　　打开这些门

图 2.85

门的情况相比,在这种极端情况下看出最佳策略要容易得多。而其原理在两种情况下是相同的。

　　这个问题在学术界引起了许多争论,它还是《纽约时报》(*New York Times*)和其他一些广为发行的出版物上的一个讨论主题。蒂尔尼(John Tierney)在《纽约时报》(1991 年 7 月 21 日,星期日)上写道:"也许这只是一个错觉,不过在此刻看来,盛行于数学家、《大观》(*Parade*)杂志的读者们以及'让我们来做笔交易'这个电视游戏节目的爱好者们之中的这一争论也许终结在望了。从莎凡特(Marilyn vos Savant)在《大观》杂志上发表了一道谜题,他们就开始了这场争论。正如'玛丽莲答问'(Ask Marilyn)专栏的读者们每周都会得到提醒的,莎凡特女士由于拥有'最高智商'而名列吉尼斯世界纪录名人堂,不过当她回答了一位读者询问的这个问题时,人们对她的这一头衔颇不买账。"她给出了正确的答案,但是仍有许多数学家争论不休。

一个艰难的挑战！

有时用一个数字拼图向朋友们提出挑战是一件很有趣的事情,我们在这里介绍其中一个。在图 2.86 中,我们展示了一个圆,它的圆周上有 10 个圈,其中 4 个圈里已填入了数,还有 6 个圈需要填入一些正确的数。为了确定是哪 6 个数,我们需要理解这些数的排列规则。从已经填入的 4 个数可知,以下条件成立:两个相邻数的平方和必须等于沿直径相对的两个数的平方和。例如,16 和 2 的平方和是 $256 + 4 = 260$,而 14 和 8 的平方和是 $196 + 64 = 260$。接下来的任务是,为圆周上剩余的空缺位置找到合适的数。我们寻找的数必须是一位或两位的正整数。

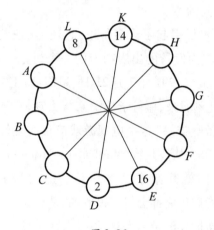

图 2.86

仔细检视一下,我们还注意到相对位置的数的平方差是一个常数。也就是说,16 和 8 的平方差是 $256 - 64 = 192$,而 14 和 2 的平方差也是 $196 - 4 = 192$。

利用简单的代数知识,我们可以证明:任何 2 个数的平方差等于这 2 个数之差与 2 个数之和的乘积,用代数形式表示为 $x^2 - y^2 = (x - y)(x + y)$。我们看到,9 和 6 的平方差是 $81 - 36 = 45$,也等于 $(9 + 6) \times (9 - 6) = 15 \times 3 = 45$。

利用这些信息,让我们回到上面找到的那个数,即 192。可以将这个数分拆并表示为 5 对不同偶数的乘积:12×16,8×24,6×32,4×48,2×96。既然这些都是偶数,那么我们就可以将它们各除以 2,得到 6×8,4×12,3×16,2×24,1×48,使它们更容易处理。如果现在取其中每一对的差与和,就会得到以下结果:(14,2),(16,8),(19,13),(26,22),(49,47)。这些就是我们填补空缺位置所需要的数,其中 4 个已经写在圆周上了。我们需要按特定的方式放置剩下的 6 个数,如图 2.87 所示。你可以验证这些数符合前面发现的平方和与平方差规律。

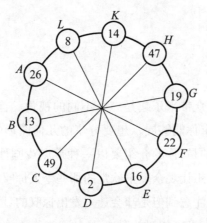

图 2.87

有雄心的读者可能希望在圆周上建立另一个与此类似的数字排列。在任何情况下,这一挑战都应该会带来乐趣,同时也对我们通过使用简单的初等代数发现数字之间的关系提供了一种洞察力。

在整个这一章中,数学展现出来的各种形式的逻辑一定给你的观众带来了乐趣。他们很可能会带着本章中的一些思路去打动其他朋友,这将是一个很好的倍增效应,让数学不仅作为一个乐趣的来源,同时也作为现代社会逻辑思维的一个有价值的方面,更受普通观众的欢迎。

第3章　几何惊奇

　　用几何学给观众带来乐趣是一个不同的视角。首先,这是一种视觉上的呈现,这就要求你能够展示想要分享的几何图形的各种不同寻常的方面。此外,重要的是,你的介绍要以一种带点戏剧性的方式来完成,这样才能最终展示出想让观众真正欣赏的那些令人惊叹的方面。我们将从观察一个很少有人注意到但是却会让人发出惊叹的日常现象开始。考虑下面这个问题:你有没有想过为什么下水道的盖子总是圆的? 作为给大家提供乐趣的人,你可能想让观众思考一下这个问题。你可能会听到各种意想不到的回答。正如你在图3.1中看到的,答案其实相当简单:圆形盖子不会掉进洞里。

图 3. 1

你可以为观众带来进一步的乐趣,告诉他们还有其他形状也可以作为下水道的盖子,而不会掉进洞里。其中一个被称为勒洛三角形(Reuleaux triangle)①,是以德国工程师勒洛(Franz Reuleaux,1829—1905)的名字命名的,这个形状如图 3.2 所示。构造它的方法是作一个等边三角形,然后在每条边上向外作一段圆弧,圆弧的圆心在与之相对的三角形顶点处。

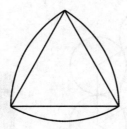

图 3.2

有积极性的观众很可能会去寻找其他形状的、也不会掉进它们所覆盖的洞里的下水道盖子。有一个这样的例子,是用一个正五边形代替等边三角形,然后像刚才一样作出各段圆弧。

① 勒洛三角形在任何方向上都有相同的宽度,即能在距离等于其圆弧半径(也等于正三角形的边长)的两条平行线间自由转动,并且始终保持与两直线都接触。——译注

环绕的硬币

说到圆,顺便提一下,假设你想在 1 枚给定的硬币周围放置一定数量的相同硬币,使它们都与给定的那枚硬币相切。1 枚给定的硬币周围能容纳多少枚硬币?出乎意料,答案是 6 枚,如图 3.3 所示。该图形说明了一切。在图 3.4 中,我们还能看到实际的排布。

图 3.3

图 3.4

现在让我们继续下面的旅程,去看看更多具有趣味性的几何情形。其中的大多数应该都会令你的观众着迷。

神奇的黄金分割比

数学中有很多东西是"美的"，但有些时候，这种美并不是一眼就能看出来的。黄金分割比（Golden Section）的情况显然不在此列，因为无论其呈现形式如何，人们第一眼就能看出它的美。黄金分割比是指一根线段被一个点分割而成的特定比例。简单地说，对于线段 AB，点 P 将它分割成为两段，使得 $\dfrac{AP}{PB} = \dfrac{PB}{AB}$。这个比例显然早已为古埃及人和古希腊人所知，首先将其命名为"黄金分割"或"sectio aurea"的可能是达·芬奇（Leonardo da Vinci），他为帕乔利（Fra Luca Pacioli'）的《神圣比例》（*De Divina Proportione*，1509）一书绘制了几何图解，而这本书中涉及了这一主题。达·芬奇对这本书的贡献之一是著名画作《维特鲁威人》（*the Vitruvian Man*），如图 3.5 所示。

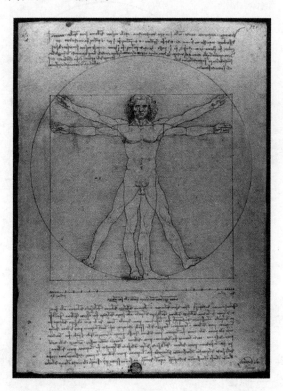

图 3.5

达·芬奇基于维特鲁威(Vitruvian,约前84—约前27年)①的著作提供了注释。这幅画目前由意大利威尼斯的学院美术馆收藏,常常被认为是描绘比例完美的人体的早期突破之一。看起来,达·芬奇是从维特鲁威的《建筑十书》(De Architectura)第3卷中得出这些几何比例的。这幅画显示了一个处于两个重叠位置的男性人物,他的胳膊和腿分开,分别内接于一个圆和一个正方形,而这两个形状仅相切于一点。黄金分割比表现为从这个男人的头顶到肚脐(看起来在圆心处,如图3.5所示)的距离除以从他的肚脐到脚底的距离,结果约为0.656,这接近于黄金分割比0.618…。

如果正方形上方的两个顶点再略接近圆一些,就会得到黄金比例。这可以在图3.6中看到,其中取圆的半径为1,正方形的边长是1.618,约等于ϕ(这是传统上用来表示黄金分割比的符号)。

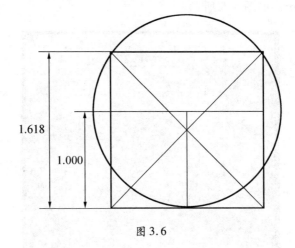

图3.6

① 马库斯·维特鲁威·波利奥(Marcus Vitruvius Pollio)是一位古罗马作家、建筑师和工程师。——原注

用纸折出黄金分割比

关于黄金分割比,很可能存在着无穷无尽的美妙之处。其中之一是,我们仅仅通过折叠一条纸带,就可以轻松地构造出这一比例。

取一条大约 1—2 英寸①宽的纸带,并用它打个结。然后非常仔细地将这个结压平,如图 3.7 所示。请注意,得到的这个形状看起来似乎是一个正五边形,也就是一个所有角都相等、且所有边都具有相同长度的五边形。

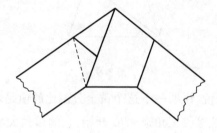

图 3.7

如果你用相对较薄的半透明纸,并将它举到光亮处,就应该能够看到一个有对角线的五边形。这些对角线以黄金分割比彼此相交,如图 3.8 所示。

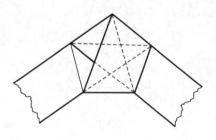

图 3.8

让我们更仔细地看一下图 3.9 中单独展示的这个五边形。点 D 将线

---

① 1 英寸 =2.54 厘米。——译注

段 AC 划分成黄金分割比,即 $\dfrac{DC}{AD} = \dfrac{AD}{AC}$。我们可以说,线段 AD 的长度是较短线段(DC)和整条线段(AC)这两段长度的比例中项。

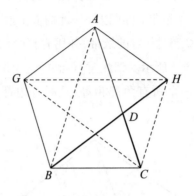

图 3.9

对于一些人来说,说明一下这个黄金分割比的值是多少,可能会有所帮助。为此,我们从等腰三角形 ABC 开始,它的顶角大小为 $36°$。然后考虑 $\angle ABC$ 的角平分线 BD,如图 3.10 所示。

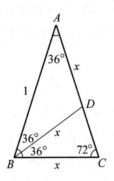

图 3.10

我们发现 $\angle DBC = 36°$。因此 $\triangle ABC \sim \triangle BCD$。设 $AD = x, AB = 1$。不管怎样,既然 $\triangle ADB$ 和 $\triangle DBC$ 都是等腰三角形,那么 $BC = BD = AD = x$。根据以上相似性可得 $\dfrac{1-x}{x} = \dfrac{x}{1}$。由此给出 $x^2 + x - 1 = 0$ 和 $x = \dfrac{\sqrt{5}-1}{2}$。(其中负根不能用来表示 AD 的长度,舍去。)因此,我们称 $\triangle ABC$ 为黄金

三角形(Golden Triangle)。黄金分割比可以被看成几何中最美的比例。有些矩形的长宽之比正好符合这个比例,我们可以在世界上最著名的那些建筑中看到这种矩形,比如希腊雅典的帕台农神庙。要进一步探究这一惊人的比例,请参阅《璀璨的黄金分割比》(*The Glorious Golden Ratio*,A. S. Posamentierand I. Lehmann,Prometheus Books,2012)。

意外出现的平行四边形

当你想用一个奇特几何现象给大家留下深刻印象,让他们惊叹为什么以前从未见过这样的东西时,有一些简单的几何图案在餐巾纸上就可以画出来。首先,让观众任意画一个没有任何边相等或平行的四边形,一个"丑陋"的四边形。最好让多位观众画出各种不同形状的四边形,这样就可以使随后的结果更显戏剧化。一旦每位观众都画好了一个四边形,就让他们找到四边形的四边中点,然后让他们将这些中点相继连接起来。如果作图正确,那么每个人最终都应该得到一个平行四边形,如图 3.11 中的例子所示。不管开始画的是一个什么形状的四边形,最终结果总是在原来的四边形基础上得到一个平行四边形,他们肯定会为此感到惊叹。

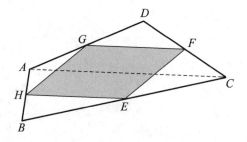

图 3.11

证明这个结果只需要应用一条定理,该定理出现在普通高中数学课程中,即在任何三角形中,连接三角形两边中点的线段平行于这个三角形的第三边,并且等于其长度的一半。如果我们在原来的四边形 ABCD 中作一条对角线,比如说 AC(如图 3.11),就会形成两个三角形(△ADC 和△ABC)。在△ABC 中,HE 与 AC 平行,长度为 AC 的一半;在△ADC 中,GF 与 AC 平行,长度为 AC 的一半。因此,GF 与 HE 平行,且 GF = HE。由此我们可以证明,通过连接四边形相继中点而形成的四边形具有长度相等且平行的两条边(GF 和 HE),因此新形成的四边形 EFGH 是一个平行四边形。

为了进一步对观众提出挑战,你可以问问他们,原始四边形必须分别具备什么特征,由各边中点相继连接而成的平行四边形才会是菱形、矩形或正方形？我们在图 3.12 至 3.14 中显示了这三个结果。

在图 3.12 中,原始四边形的对角线 *AC* 和 *DB* 相等,相继连接四边形中点得到的图形是一个菱形。

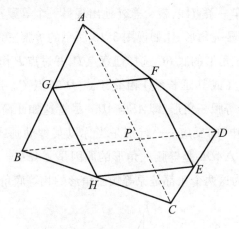

图 3.12

在图 3.13 中,原始四边形的两条对角线相互垂直,此时得到的四边形 *EFGH* 是一个矩形。

在图 3.14 中,原始四边形的两条对角线相等且相互垂直,此时得到的四边形 *EFGH* 是一个正方形。

239

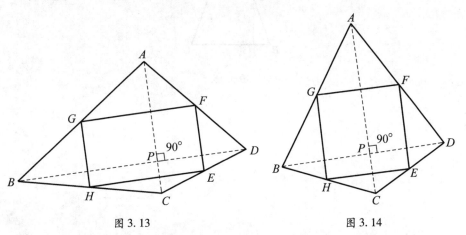

图 3.13　　　　　　　　　　图 3.14

意外出现的等腰三角形

你可以用一个相当简单的惊喜给观众带来乐趣。从一个等腰三角形开始，然后仅仅作一条直线，就会意外地出现另一个等腰三角形。先让观众作一个任意等腰三角形，比如说图 3.15 所示的等腰三角形 *ABC*。接下来，让他们沿着三角形的底 *BC* 选择任意点 *P*，并过点 *P* 作一条垂线，这条垂线将与另两边（或其延长线）相交于点 *D* 和点 *E*。出乎意料的是，△*ADE* 总是一个等腰三角形，即 *AE* = *AD*。尽管这如此简单，却往往会从观众那里得到"哇"的反应——特别是当你以某种动画或戏剧性的方式来呈现它的话。△*ADE* 是等腰三角形的原因是 ∠*AED* = ∠*ADE*。这是很容易证明的，因为这两个角都是原等腰三角形的相等底角的余角。

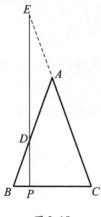

图 3.15

意外出现的相等关系

众所周知,任何三角形的 3 条角平分线都相交于一个公共点。有些人可能还记得高中几何课所说的,这个点是三角形内切圆的圆心。不过,这个通常被称为内心的交点,会产生一种令人惊讶的线段相等关系。让我们考虑△ABC,它的 3 条角平分线相交于点 P,如图 3.16 所示。过点 P 作边 BC 的平行线,分别与边 AB 和 AC 相交于点 D 和点 E。过点 D 作线段 DG 平行于 AC,与 BC 相交于点 G。类似地,作线段 EF 平行于 AB,与 BC 相交于点 F。

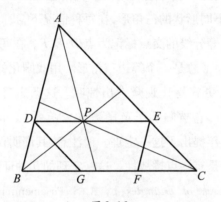

图 3.16

出乎意料的是,我们发现长度之和 DG + EF = DE。细心的读者只要注意到 DB = DP 且 EP = EC,就可以证明这个相等关系。很容易证明 △DBP 和 △ECP 的底角各自相等,因此它们都是等腰三角形。由 DECG 和 DEFB 这两个平行四边形,可以得到 DG = EC 和 EF = DB。又由 DP + PE = DE,通过各种代换,就可以得到 DG + EF = DE。

意外出现的等边三角形

数学中的一些不寻常事件,也可以带来相当大的乐趣。这里需要让观众将一个角三等分。众所周知,用普通的尺规作图工具(没有刻度的直尺和圆规)是不可能将任意角三等分的。因此,观众要么估计一个角的三分之一,要么使用量角器,或者也可以使用电脑上的绘图程序。无论如何,你首先要让观众作出一个没有特殊属性的任意斜角三角形。当你引导他们继续下面的作图时,他们会看到,这个任意三角形的各角的三等分线将出乎意料地确定一个等边三角形。我们在图3.17中展示了这一现象。图中有几种不同形状的三角形,在每种情况下,我们作其各角的三等分线,并将相邻三等分线的交点标记为点 D, E, F。在每种情况下,由这3个交点构成的三角形总是一个等边三角形。用戏剧化的形式来呈现这种意想不到的结果,更容易让观众发出惊叹。这条定理被称为莫雷定理(Morley's theorem),它被归功于英国数学家莫雷(Frank Morley,1860—1937),他于1904年提出了这一定理。请注意,其证明仅需要高中几何知识就可以完成,只是有一点挑战性。这一定理的几种证明可参见《三角形的秘密》(*The Secrets of Triangles*, by A. S. Posamentier and I. Lehmann, Prometheus Books,2012,pp. 351 – 355)①。

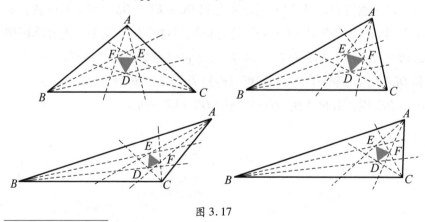

图 3.17

① 关于莫雷定理的证明,请参见译者撰写的附录E。——译注

三等分一个圆

如果要求我们把一个圆分成 3 个面积相等的部分，那么自然的结果就是作 3 条夹角为 120°的半径，如图 3.18 所示。

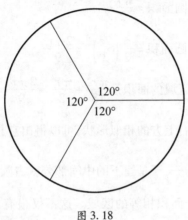

图 3.18

不过，你还可以画出图 3.19 所示的一系列半圆，用一种更有创意的方法将一个圆分为 3 个等面积区域。我们可以通过以下方式证明这一点：首先求出图 3.19 中位于左下方的较暗阴影区域的面积。一旦求出这个面积，并证明它是圆面积的 $\frac{1}{3}$，那么右上方的相似图形也会是圆面积的 $\frac{1}{3}$，于是留下中间部分就是剩下的 $\frac{1}{3}$。

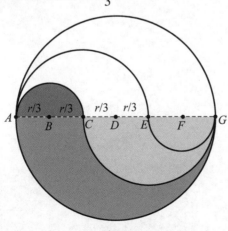

图 3.19

为了求出这部分阴影区域的面积，我们取最小的半圆，然后，加上大半圆再减去次大半圆，这些半圆的面积分别如下：

半径为 AB 的半圆面积 $= \frac{\pi}{2} \left(\frac{r}{3} \right)^2 = \frac{\pi r^2}{18}$。

半径为 AD 的半圆面积 $= \frac{\pi r^2}{2}$。

半径为 CE 的半圆面积 $= \frac{\pi}{2} \left(\frac{2r}{3} \right)^2 = \frac{2\pi r^2}{9}$。

因此，较暗阴影区域的面积是 $\frac{\pi r^2}{18} + \frac{\pi r^2}{2} - \frac{2\pi r^2}{9} = \frac{\pi r^2}{3}$，即大圆面积的 $\frac{1}{3}$。如前所述，对于右上方的相似形状，可以得出它具有相同的面积。这两个区域占圆面积的 $\frac{2}{3}$，于是留下的中间部分就占圆面积的 $\frac{1}{3}$。这样，我们就把圆分成了 3 个面积相等的区域。这不仅很有启发性，而且很有趣味性，并向观众证明了"跳出框框思考"往往是值得的。

平分五个圆

这里给出了 5 个相切的圆,放置成如图 3.20 所示的形式。问题是要找到一条直线,使它通过最左边那个圆的圆心,并且平分这 5 个圆的面积。

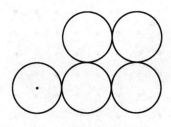

图 3.20

如果不添加辅助线,这个问题就会很难解决。我们还要在图中添加 3 个额外的圆(如图 3.21),以使解答更容易显现。现在作一条辅助线,穿过左下圆的圆心及右上圆的圆心。这样,我们就把这些圆分成了两个面积相等的部分。特别是,原来的 5 个圆现在被等分了。对于严谨的读者,我们提供这样一个事实:辅助线与水平方向的夹角 α 是一个正切为 $\frac{1}{3}$ 的角,约等于 18.43°。就这样,我们将原来的 5 个圆分成了面积相等的两部分。

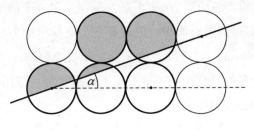

图 3.21

皮克定理

这一节,我们将带领观众走出普通几何的传统领域。矩形和三角形的面积是我们所熟悉的,但是像图 3.22 所示的阴影多边形这样看起来更奇特的区域,其面积是多大呢?

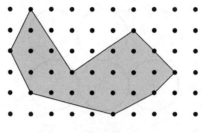

图 3.22

在学习几何中的面积时,习惯上首先要了解一些基本形状的面积,如三角形、矩形和圆。对于像图 3.22 所示的这种更复杂形状的面积,标准的做法是将图形切割成更易于处理的较小基本块,然后将这些较小块的面积相加,以得到整个面积。

图 3.23 说明了这一简化过程,将问题分解为计算三角形和矩形的面积。这个解法需要计算图中所示的 5 个三角形和 1 个矩形的面积,然后把它们加起来,得到总面积为 19.5 平方单位。在这个例子中,这一解法肯定能帮助我们得到阴影面积。但还有一个更简单的方法,用的是皮克定理(Pick's theorem),它是以奥地利数学家皮克(Georg A. Pick,1859—1942)的名字命名的,他在 1899 年发现了这条定理。应用这条定理可以给观众带来真正的乐趣。

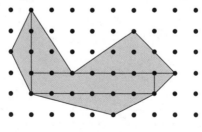

图 3.23

我们将上图中的点称为格点（lattice point），即平面上 x 坐标和 y 坐标都是整数的点。x 轴和 y 轴的位置在这里并不重要，因此图中将它们省略了。我们将顶点都在格点处的多边形称为格点多边形（lattice polygon）。图 3.22 中的阴影多边形就是格点多边形的一个示例。

皮克定理给出了一个简单的公式，通过数格点多边形中的点数来计算该多边形的面积。公式涉及的点分为两类，即边界点和内部点。边界点（boundary points），顾名思义就是指位于格点多边形边界上的那些格点。图 3.24 中圈出了这个图形的各边界点。你看到了多少个边界点？

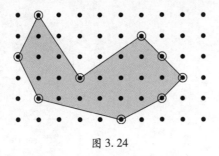

图 3.24

我们定义边界点个数为 B。在本例中，$B=9$。

内部点（interior point）是指包含在格点多边形内部的格点，但不包括边界上的那些格点。图 3.25 中圈出了这个图形的各内部点。有多少个内部点？

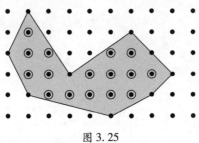

图 3.25

我们定义内部点个数为 I。在本例中，$I=16$。皮克定理指出，格点多边形的面积 A 可以计算如下：$A = \dfrac{B}{2} + I - 1$。在我们的这个例子中，面积

为 $A = \dfrac{9}{2} + 16 - 1 = 19.5$。

当面对一个比基本形状更复杂的区域时,通过将该区域分解为一些基本形状来进行简化是一种很好的做法。这种将复杂事物简化为比较熟悉和简单的事物的策略,渗透在数学的许多方面。皮克定理将这种哲学发扬得比人们想象的还要深入,它将计算格点多边形面积的问题简化为了数格点的问题。为了更好地理解这个方法,明智的做法是让你的观众在方格纸上画出一些他看起来奇奇怪怪的多边形,并尝试应用皮克定理。

把五个正方形剪拼成一个正方形

有时,从几何角度对观众提出挑战也会带来乐趣。在这里,我们要求他们对图 3.26 所示的图形剪两刀,并将它们拼成一个正方形。

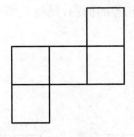

图 3.26

让观众思考一会儿这个挑战性问题之后,你可以向他们展示剪切方式,如图 3.27 所示。

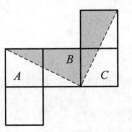

图 3.27

对他们来说,下面要做的是观察这样剪切后怎样才能重排成一个正方形。我们在图 3.28 中展示了这种重排方式。你会注意到,新正方形的边长 S 是 $\sqrt{5}$。如果我们考虑三角形 C,并应用毕达哥拉斯定理,就会得到 $1^2 + 2^2 = S^2$,因此 $S = \sqrt{5}$。

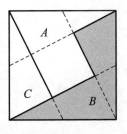

图 3.28

一切为二

一个解答不那么显而易见的挑战可能会带来乐趣,因为它会令人惊讶,却又不难理解。我们在图 3.29 中提出的谜题就是这种情况,图中的所有 13 个正方形都具有相等的面积,挑战是要通过点 X 切一刀,得到面积相等的两个部分。

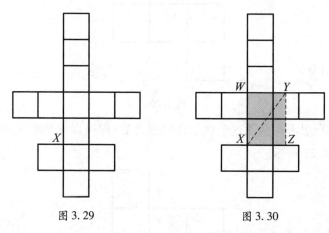

图 3.29 　　　　　　　　图 3.30

我们看到,整个图形是由 13 个正方形组成。因此,我们需要找到一种方法,一刀切下整个图形中的 $6\frac{1}{2}$ 或 6.5 个正方形。首先选择如图 3.30 所示的正方形中点 Y。这样我们就能构造出阴影矩形 $XZYW$,其面积为 $1.5 \times 2 = 3$。对角线 XY 将此矩形一分为二,因此三角形 XWY 的面积为 1.5,将其与直线 XY 左上方的 5 个正方形相加后,得到的面积为 6.5,正好是 13 个正方形构成的原始图形总面积的一半。

切割一个圆

通过下面这项活动，你一定可以为观众带来乐趣，让他们去寻找一个想要的结论。首先画一个圆，然后要求观众用 6 条直线将这个圆分割成尽可能多的区域。显然，有些人会像图 3.31 所示的那样，用 6 条直线将圆分割为 16 个区域。这显然不是 6 条直线能分割的最多区域。

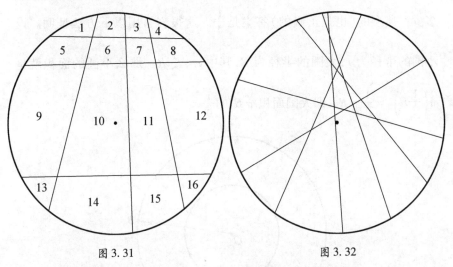

图 3.31 　　　　　　　　　　图 3.32

251

当你告诉观众，这并不是 6 条直线所能产生的最多区域时，他们会开始进一步探究。他们可能需要一些时间才能意识到，他们所画的每一条直线都必须与其他所有 5 条直线都相交，并且任何 3 条线都不应共点，也就是说，不应存在有 2 条以上直线通过的交点。最终，他们应该能够将圆分成 22 个区域，类似于图 3.32 所示的样子。

一个几何学概率困境

下面这种看似简单的情况可能会让观众感到相当不安,因为它违反直觉。有些时候,看似简单的问题可能会延伸出难以说清的困境。一个这样的例子是考虑两个同心圆,其中小圆半径是大圆半径的一半,如图 3.33 所示。问题是:在大圆中选择一个点,该点也位于小圆中的概率是多少?典型的(也是正确的)答案是 $\frac{1}{4}$。这很容易用以下方法证明。设小圆的半径为 r,大圆的半径为 R,其中 $r = \frac{1}{2}R$。那么小圆的面积就是 $\pi\left(\frac{1}{2}R\right)^2 = \frac{1}{4}\pi R^2$,即大圆面积 πR^2 的 $\frac{1}{4}$。

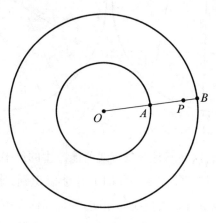

图 3.33

因此,如果在大圆中随机选择一个点,那么该点在小圆中的概率为 $\frac{1}{4}$。

现在,当我们以不同的方式看待这个问题时,困境就出现了。随机选择的点 P 必定位于较大圆的某一条半径上。假设它在半径 OAB 上,其中 A 是 OB 的中点。OAB 上的点 P 在 OA 段上的概率是 $\frac{1}{2}$,因为 $OA = \frac{1}{2}OB$。现在,如果我们对大圆上的任何其他点也这样做,就会发现该点在半径上并位于小圆内的概率正是 $\frac{1}{2}$。这当然是不正确的,尽管它看起来完全合乎逻辑。错误在哪里?你在这里就可以揭示幕后原因了,这实际上是试图解释一个困境。"错误"就在于两个不同样本空间的初始定义,即一个实验的可能结果的集合。在第一种情况下,样本空间是大圆的整个区域,而在第二种情况下,样本空间是像 OAB 这样的半径上的点集。显然,当在 OAB 上选择一个点时,该点在 OA 上的概率就是 $\frac{1}{2}$。这是两个完全不同的问题,尽管它们看起来是一样的。条件概率是一个需要强调的重要概念,有什么比展示明显荒谬更好的方法来灌输这一观念呢?也许这一困境会促使观众去进一步研究这个问题。

更多几何学困境

假设我们在一个等边三角形的外接圆上随机作一根弦。我们面对的问题是:所作的这根弦长度大于三角形边长的概率是多少。我们在图3.34中看到,可以通过△ABC的点A作出所需的弦。在这种情况下,弦可以是AP,AR或AQ。当弦的另一个端点落在弧BC上时,这根弦的长度就会大于三角形的边长,而当它落在弧AB或弧AC上时,这根弦的长度就会小于三角形的边长。因为弧BC占圆周的$\frac{1}{3}$,所以弦的长度大于三角形边长的概率是$\frac{1}{3}$。

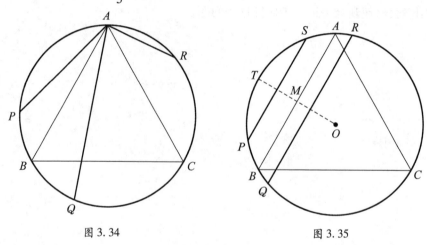

图 3.34　　　　　　　　　图 3.35

现在,让我们考虑位于弧AB上的弦,但不像图3.34中那样共享顶点A。我们在图3.35中显示了这样的新位置。作这根弦有两种可能性:可以作不与三角形相交的弦PS,也可以作与三角形相交的弦RQ。

在我们继续下去之前,需要稍微离题一点,证明垂直于等边三角形一条边的半径与该边的交点是这条半径的中点。在图3.36中,我们作了一些辅助线,可以证明其中的四边形AOBT是一个平行四边形①,其对角线

---

① 由于弦AB的垂直平分线也平分弧AB于点T,因此很容易证明四边形AOBT中的4个三角形是全等的。于是其对角线相互平分,从而确定了M为OT的中点。——原注

相互平分。这就确定了 M 是 OT 的中点。所作的弦可以与这根垂直半径相交于点 T 和点 M 之间,也可以与这根垂直半径相交于点 M 和点 O 之间。如果弦与半径相交于点 M 和点 O 之间,那么这根弦的长度将大于三角形的边长。发生这种情况的可能性等于弦与半径相交于点 T 和点 M 之间的可能性。因此,这根弦的长度大于等边三角形边长的概率就是 $\frac{1}{2}$。

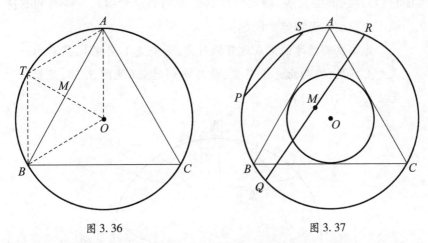

图 3.36   图 3.37

这与之前的回答是矛盾的。但是,如果你回顾先前在图 3.33 中所示的那个关于半径的例子,你就会对这个棘手的结果给出某种解释。

这个问题还有另一种变化形式。假设我们考虑一个内切于等边三角形的圆,如图 3.37 所示。我们知道,$\triangle ABC$ 的内切圆面积是外接圆面积的 $\frac{1}{4}$,因为内切圆的半径是外接圆半径长度的 $\frac{1}{2}$。如果所讨论的弦与内切圆相交,那么它的长度就大于三角形的边长。另一种说法是,这样的弦 QR 的中点 M 必定在内切圆内。中点 M 位于内切圆内的概率是 $\frac{1}{4}$,于是在这里弦长大于三角形边长的概率也是 $\frac{1}{4}$。

这里的奇异之处在于,对于随机作一根弦,要求其长度大于等边三角形边长,我们已经得到了 3 种不同的可能性或概率。这一有趣之处肯定值得进一步讨论,而这正是此部分内容的意图所在。

你在世界的何处

数学中有一些趣味消遣会以一种令人非常愉快和满意的方式温和地扩展你的思维。这一节就呈现了这样一种情况。我们将从一个流行的益智问题开始,这个问题有一些非常有趣的扩展很少被考虑到(我们稍后会考虑它们)。它需要一些"跳出框框的思考",而这会给人一些有利的持久影响。让我们来考虑这个问题:

你要在哪里才能完成这样的行走:向南走 1 英里①,然后向东走 1 英里,再向北走 1 英里,最后回到起点(见图 3.38,显然无法按比例绘制)?

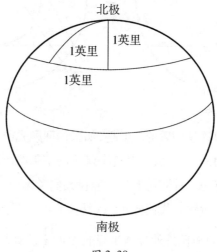

图 3.38

聪明的观众大多数情况下会通过试错法无意中找到正确答案:北极。为了验证这个答案,请尝试从北极出发,向南走 1 英里,然后沿着一条与北极保持 1 英里等距离的纬线向东走 1 英里。再向北走 1 英里,你就会回到起点,也就是北极。

大多数熟悉这类问题的人都会感觉到这样已经完成了解答。不过,我们还可以问:是否存在其他这样的起点,可以从那里出发"走"同样的3段路程并最终回到起点? 令人惊讶的是,答案是存在。

通过定位一个周长为1英里、非常靠近南极的纬度圈,可以找到一组这样的起点。从这个纬度圈沿着大圆向北走1英里,就到了另一个纬度圈。沿第二个纬度圈的任何一点都符合条件。让我们试试看(见图3.39,显然无法按比例绘制)。

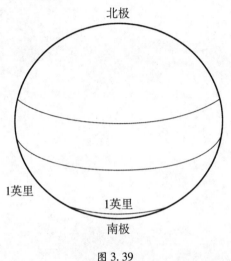

图 3.39

从(往北的)第二个纬度圈开始,向南走 1 英里(到达第一个纬度圈),然后向东走 1 英里(刚好绕一圈),再向北走 1 英里(回到起点)。

假如我们要沿着走的那个接近南极的纬度圈的周长是 $\frac{1}{2}$ 英里,我们仍然可以满足给定的条件,只是这次要绕着这个纬度圈走 2 圈,然后才再次走回最初的出发点。如果这个纬度圈的周长是 $\frac{1}{4}$ 英里,那么我们只要绕着这个纬度圈走 4 圈,也可以回到这个纬度圈的出发点,然后向北走 1 英里回到最初的出发点。

到这里,我们可以向前跃进一大步,得出一个推广结论,这将引导我们得到更多满足原来条件的点。实际上,这样的点有无穷多个! 这个点集可以用以下方法来确定:先找到一个靠近南极的周长为 $\frac{1}{n}$ 英里的纬度圈,此时向东走 n 圈就会使你回到这个纬度圈上的出发点。剩下的就跟前面一样,即从这个纬度圈沿着大圆向北走 1 英里来到另一个纬度圈,这第二个纬度圈上的点都满足条件。

与这个问题类似的,还有一个众所周知的问题,即在哪里可以建造一座规则的四边形房屋,使其每一面都朝南?当然,答案是要将这座房屋建在北极,在那里每一面都向着南方。

理解几何极限

有关极限的概念不可掉以轻心,因为它非常复杂,很容易被曲解。围绕这个概念的问题有时是相当微妙的,误解它会导致一些奇异的状况(或者说幽默的状况,这取决于你的看法)发生。下面两幅插图可以很好地展示这一点。预先提醒你的观众,不要对最终结果感到不安,因为这些结果确实会有点出人意料。记住,这只是为了娱乐。分别考虑下面这两幅图,然后他们应该会注意到它们之间的联系。

在图 3.40 中很容易看出,粗线段("台阶")的长度之和等于 $a+b$。

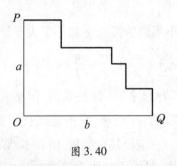

图 3.40

将所有水平线段和竖直线段相加,就可以得到粗线段("台阶")之和是 $a+b$。如果增加台阶数,那么总和仍然会是 $a+b$。当我们继续将台阶数增加到"极限",从而使它们看起来像是一条直线时,就会出现困境。这条直线在本例中就是 $\triangle POQ$ 的斜边 PQ。这时候看起来,PQ 的长度就会是 $a+b$。但是我们由毕达哥拉斯定理知道 $PQ=\sqrt{a^2+b^2}$,而不是 $a+b$。哪里出错了?

没有任何地方出错!尽管由台阶组成的整组楼梯确实越来越接近直线段 PQ,但并不能因此而得出粗线段(水平线段和竖直线段)的长度之和就接近 PQ 的长度,这与我们的直觉相悖。这里并没有矛盾,只是直觉失效了。

"解释"这种困境的另一种方法是论证以下几点。当"台阶"变小时,其数量随之增加。在最极端的情况下,每个维度的楼梯长度都接近 0,而数量却接近无穷多。于是就会导致考虑 $0 \times \infty$,而这是没有意义的!

下面的例子也出现了类似的情况。

在图 3.41 中,一连串较小的半圆从大半圆直径的一端延伸到另一端。

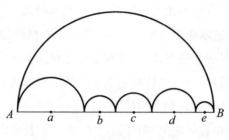

图 3.41

很容易证明这些小半圆的弧长之和等于大半圆的弧长,即小半圆的弧长之和 $= \frac{\pi a}{2} + \frac{\pi b}{2} + \frac{\pi c}{2} + \frac{\pi d}{2} + \frac{\pi e}{2} = \frac{\pi}{2}(a+b++c+d+e) = \frac{\pi}{2}AB =$ 大半圆的弧长。这也许"看起来"不像是真的,但事实就是如此! 实际上,当我们增加小半圆的数量时(当然,它们的弧长也都变得越来越小了),它们的弧长之和"看起来"应该接近线段 AB 的长度,但事实并非如此!

同样地,在这里由半圆构成的集合看起来确实非常接近直线段 AB。然而,这并不意味着这些半圆的弧长之和的极限就是这个长度 AB。

这种"看起来的极限和"是荒谬的,因为点 A 与点 B 之间的最短距离是线段 AB 的长度,而不是半圆弧 AB 的长度(等于小半圆弧长之和)。这些激发兴趣的图片也许对极限这个重要概念给出了最好的解释,从而可以在将来避免曲解。

意外出现的正多边形

只要在一个画出多条直径的圆中再作一些垂线,就可以得到一个正多边形,观众们一定可以从中得到乐趣。你只需要给他们一个圆,再画出任意条间隔圆心角相等的直径,如图3.42所示。本例中,我们在圆 O 中画出了6条直径。要想构造出一个正多边形,只需要选择任意点 P,然后从该点向这6条直径各作一条垂线——垂足分别为点 A,B,C,D,E,F。当我们把这些垂线的垂足连接起来时,就会得到一个正多边形。在本例中是一个正六边形,因为我们是从6条直径开始的。

这里还可以推断出另一个奇异之处,即这样构造出来的正多边形的中心在直线 PO 上。我们在这个正多边形中作几条对角线就可以看出这一点:AD 与 BE 相交于点 R,而点 R 也是多边形的中心及线段 PO 的中点,因此这就使得 AD,BE,PO 共点(见图3.43)。

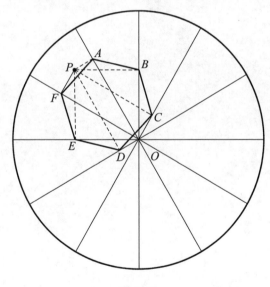

图 3.42

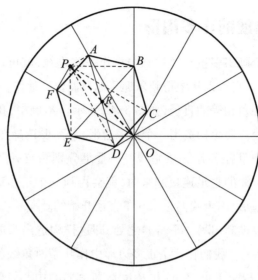

图 3.43

勾股定理的一种变化形式

高中几何中最令人难忘的关系也许是毕达哥拉斯定理,也叫勾股定理,即$a^2 + b^2 = c^2$。我们可以利用这一关系来创造一种极不寻常的"另类关系"。你可以通过应用非常基础的代数和几何知识给观众带来乐趣,向他们展示如何获得以下另类关系:$a^{-2} + b^{-2} = x^{-2}$。参考图 3.44,我们在其中作 Rt$\triangle ABC$ 的斜边 AB 上的高 CD,并设其长度为 x。

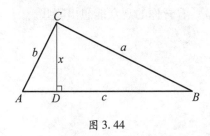

图 3.44

可以用以下两种方式来表示 $\triangle ABC$ 的面积:$S_{\triangle ABC} = \dfrac{1}{2}ab = \dfrac{1}{2}xc$。这也可以写成 $ab = xc$。对方程两边取平方,得到$a^2 b^2 = x^2 c^2$。当我们用毕达哥拉斯定理的关系式替换c^2时,就得到$a^2 b^2 = x^2(a^2 + b^2)$,可以将其改写成方程$\dfrac{a^2 + b^2}{a^2 b^2} = \dfrac{1}{x^2}$,用简单的代数知识还可以进一步改写成$\dfrac{1}{a^2} + \dfrac{1}{b^2} = \dfrac{1}{x^2}$。这可以写成$a^{-2} + b^{-2} = x^{-2}$的形式,也就是我们想要展示的。当你提到著名的毕达哥拉斯定理时,这种奇异的另类关系应该会给观众带来一些谈资。

面积相等的直角三角形

要得到面积相等的直角三角形是很容易的。你只需要作一条对角线，把一个矩形分成两半，这样就有了两个面积相等的直角三角形。不过，要找到两个边长为不同整数而又面积相等的直角三角形，就不那么容易了。这是一个可以呈现给观众的有趣活动。我们在这里提供 3 个满足条件的面积相等的直角三角形，其边长分别为：（24，70，74）；（40，42，58）；（15，112，113）。看看你的观众能想出哪些。

意想不到的结果

在几何学中,有时一种简单的情况会导致一个意想不到且令人惊讶的结果。让我们考虑内接于圆 O 的四边形 $ABCD$,它的两条对角线 AC 和 BD 相互垂直。我们在图 3.45 中展示了这种情况。现在出现了一个惊人的特征:当我们从两条互相垂直的对角线的交点向四边形的一边作垂线时,这条垂线会平分四边形中这条边的对边。在图 3.45 中,如果从点 P 向四边形的 AD 边作垂线并反向延长,那么该垂线会将 AD 的对边 BC 平分于点 M。当然,这也可以用另一组对边来实现。在向观众展示这一现象时,展示者应当表现得热情洋溢,并对这种突然出现的"巧合"感到惊讶,这会很有效果。

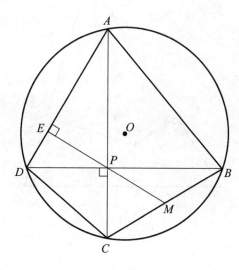

图 3.45

另一个意想不到的结果

这一次,我们将考虑一个随机绘制的 △*ABC*,并作它的两条角平分线 *AE* 和 *CD*,如图 3.46 所示。然后我们选择直线 *DE* 上的任意点 *P*,并从该点向三角形的三边各作一条垂线。现在出现了一件令人惊奇的事情:无论你在线段 *DE* 上的何处取点 *P*,都满足距离之和 *PN* + *PK* = *PL*。如果你有一个动态几何软件程序,那么你可以沿着直线 *DE* 滑动点 *P*,并注意到 *PN* 和 *PK* 的长度之和总是与 *PL* 的长度相同。通过恰当的呈现,这应该会让观众们发出惊叹。

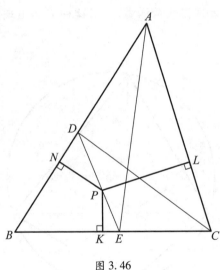

图 3.46

鞋匠刀形

希腊著名数学家阿基米德(Archimedes,公元前287—前212)发现了一个相当著名的几何图形的一些特性,这个图形通常被称为鞋匠刀形,其形状如图3.47所示,它由3个半圆组成,其中两个较小半圆的直径之和等于大半圆的直径。

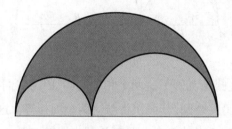

图 3.47

关于这个构形,首先要注意的事情之一是,两个较小半圆的弧长之和等于大半圆的弧长。使用图3.48中标注的符号(3个半圆的半径分别为$AD = r_1, BE = r_2, BO = R$),可得两个较小半圆的弧长之和为$\pi r_1 + \pi r_2 = \pi(r_1 + r_2) = \pi R$,此即大半圆的弧长。

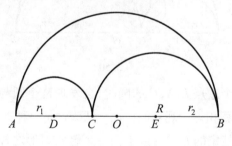

图 3.48

鞋匠刀形向我们展示了各种各样不同寻常的关系,即使我们不去费力证明,这些关系本身也是相当有趣的。例如,在图3.49中,我们插入了两个小圆:圆X和圆Y,它们分别与大半圆弧及其中一个较小半圆弧相切,还与原来的两个较小半圆的内公切线相切。结果是,不管以点D和点E为圆心的两个较小半圆有多大,以点X和点Y为圆心的两个圆的面积总是相等的。请记住,这一现象之所以如此不寻常,是因为它与原来的两个较小半圆的大小是无关的。

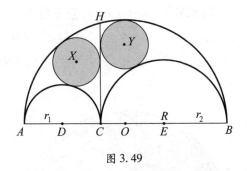

图 3.49

现在,请记住圆 X 和圆 Y 这两个相等的圆,因为我们要以一种很不寻常的方式构造出另一个圆,其面积将与这两个圆相等。这一次,我们将构造一个与原始鞋匠刀形的 3 个半圆弧分别相切于点 K, L, N 的圆,如图 3.50 所示。

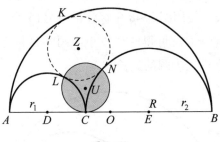

图 3.50

当我们作一个过点 L, N, C 的圆时,会发现这个圆与图 3.49 所示的圆 X 和圆 Y 的面积相等。观众们应该会认为这是一种真正令人惊叹的关系。除了以一种特定的方式内接于同一个鞋匠刀形之外,这 3 个圆看似毫无关联,但它们的面积却是相等的。我们还将更进一步,得到第四个圆,它与我们到目前为止已经强调过的 3 个圆面积都相等。

这次,我们添加两条新的圆弧。第一条弧以 A 为圆心、AC 为半径,第二条弧以 B 为圆心、BC 为半径。我们在图 3.51 中用虚线表示这两条弧。如果作一个圆,与这两条新加的弧以及鞋匠刀形的大半圆弧都相切,那么这个圆的面积又会等于前面 3 个相等的圆。

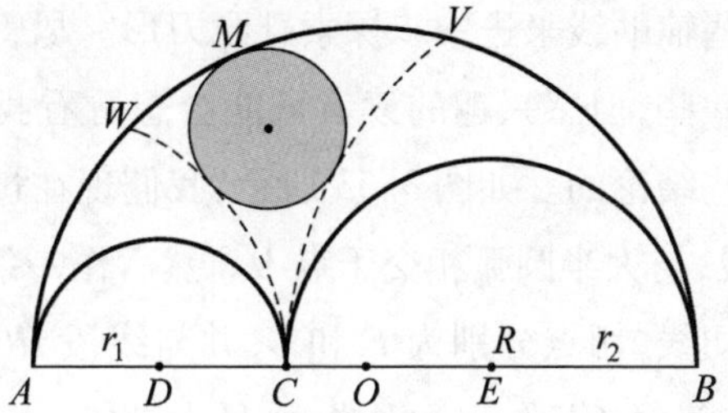

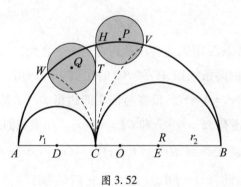

图 3.51

　　虽然要证明这些圆面积都相等可能比较复杂,但我们在此提供一个确定这些圆并证明它们等面积的资料来源①。

　　既然现在有了以 A 和 B 为圆心的两条新的弧,它们分别与大半圆弧相交于点 W 和点 V,那么我们可以再作出另一对面积相等的圆,如图 3.52 所示。

图 3.52

　　HC 垂直于直线 AB,与大半圆弧交于点 H。圆 P 是过点 V 且与 HC 相切的最小圆,圆 Q 是过点 W 且与 HC 相切的最小圆。我们再次得到了两个相等的圆,它们本质上也是通过鞋匠刀形生成的。到目前为止,你可以看到,鞋匠刀形似乎是一系列无穷无尽的不寻常几何关系的源泉。但这还没有结束,继续看下去就会发现这一点。请记住,向观众展示这些内容的方式是很重要的。

① Honsberger, Ross, *Mathematical Delights*, Washington, DC: Mathematical Association of America, 2004. pp. 27 – 31. ——原注

让我们作一些辅助线来进一步探索鞋匠刀形。尽管这里会比本书的其他部分更专业一些,但感兴趣的读者可能会想看看我们是如何得出关于鞋匠刀形的那些结论的。如图 3.53 所示,我们现在过点 C 作一条垂直于线段 AB 的直线,与大半圆弧相交于点 H。然后作一条与两个较小的半圆弧相切的外公切线,切点分别为 F 和 G,并与线段 HC 相交于点 S。最后,我们从点 D 向半径 GE 作一条垂线,垂足为点 J。

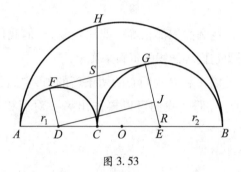

图 3.53

如果我们考虑 $\triangle AHB$,就会注意到它是一个直角三角形,斜边上的高 HC 是沿着斜边的两条线段 AC 和 BC 的比例中项。由这一关系,我们得到 $HC^2 = 2\,r_1 \cdot 2\,r_2 = 4\,r_1 r_2$。很容易证明四边形 $DFGJ$ 是一个矩形,因此 $FG = JD$。我们还有 $JE = r_2 - r_1$ 和 $DE = r_2 + r_1$。如果我们对 $\triangle DJE$ 应用毕达哥拉斯定理,就会得到 $JD^2 = (r_2 + r_1)^2 - (r_2 - r_1)^2 = 4\,r_1 r_2$,于是得到 $FG^2 = 4\,r_1 r_2$。因此,$HC = FG$,这是因为它们都等于 $2\sqrt{r_1 r_2}$。更进一步,我们注意到 SC 是两个小半圆弧的内公切线,由此可知 $SF = SC = SG$。于是可以得出结论,FG 和 HC 这两条线段彼此平分,且长度相等。因此,以点 S 为圆心的一个圆将过点 F, C, G, H。这本身就相当令人惊叹了,因为当有超过 3 个点共圆时,显然值得注意和欣赏。必须向观众恰当地强调这一点。我们在图 3.54 中展示了这种情况。

既然我们现在已经确定了这个意想不到的圆,接下去就可以展示它与鞋匠刀形有着非常特殊的关系。令人惊叹的是,以点 S 为圆心的这个圆的面积,就等于鞋匠刀形(即 3 个半圆弧之间的无阴影区域)的面积。对于更有雄心的读者来说,这一点很容易用以下方法证明。

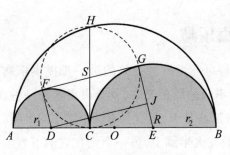

图 3.54

用大半圆的面积减去两个较小半圆的面积,就可以求出鞋匠刀形的

面积,方法如下:$\frac{\pi R^2}{2} - \left(\frac{\pi r_1^2}{2} + \frac{\pi r_2^2}{2} \right) = \frac{\pi}{2}(R^2 - r_1^2 - r_2^2)$。由 $R = r_1 + r_2$,可

得 $\frac{\pi}{2}(R^2 - r_1^2 - r_2^2) = \frac{\pi}{2}((r_1 + r_2)^2 - r_1^2 - r_2^2) = \pi r_1 r_2$。

圆心为 S 的圆的直径 FG 为 $2\sqrt{r_1 r_2}$,因此其半径为 $\sqrt{r_1 r_2}$,面积为

$\pi r_1 r_2$,这与我们前面计算得到的鞋匠刀形的面积相同。

如图 3.55 所示,在鞋匠刀形中还有另一个意想不到的几何发现,即

线段 AH 和 BH 令人惊叹地分别包含点 F 和点 G——令人惊讶的共线出

现了。赞赏吧,又是没有预料到的巧合。

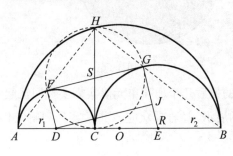

图 3.55

再来一点乐趣

展示面积相等可能是一种很好的进一步提供乐趣的方式。当如图3.56 所示的各个不同的圆相交时，就会出现这样一种面积相等的情况。图中沿着大半圆(圆心是 M)的直径有两个较小的半圆(圆心分别是 E 和 D)，其中一个重叠在大半圆上，另一个则在它的下方。我们从点 A 向最小半圆 E 作切线，切点为 T。以 AT 为直径、R 为圆心作一个圆。作为一项趣味活动，你可以提出以下挑战：证明圆心为 R 的圆的面积，等于由最大半圆和最小半圆之差所形成区域的面积，加上以 D 为圆心的下面这个半圆的面积。

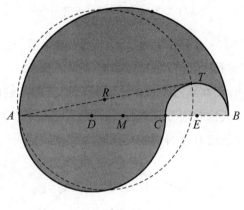

图 3.56

尽管几何学的最后几个趣味单元确实需要你回忆起一些高中数学知识，但通过适当的展示，普通观众应该非常容易理解它们，并且会觉得很有趣。

我们现在带你体验了各种各样的几何趣味活动，由于其视觉特性，它们通常会吸引普通观众。然而，正如前面多次说到过，至关重要的是，呈现者必须表现出对事态发展真正感兴趣，从而以一种真正激发积极性的方式提供这些趣味话题。

第4章　趣味数学集锦

有许多方式可以使数学变得有趣,不幸的是,这一点在学校教育里常常被忽视,因为在那里,满足课程标准高于一切。应试教学是教学计划中最糟糕的反兴趣的方面。正如我们到现在为止所看到的,数学中的趣味活动可以有许多变化形式。然而,这些趣味理念的传递过程,即呈现者的热情,才是最重要的。奇趣的数学挑战常常能启发观众,特别是在解答具有令人惊叹的启发性的情况下! 现在我们将再提供一些奇趣现象,它们应该能很好地启发你的观众。

领悟

我们不是故意要花招,但在用数学进行娱乐的时候,我们必须保留所有的选项。例如,假设给你 316 这个数,并要求通过重新摆放各位数字,以构造出一个可以被 7 整除的数。大多数人一开始是通过将各位数字逆序和互换来重排这个数,结果会变得有点沮丧,因为这些都不会产生一个能被 7 整除的数。不过,如果思维灵活一点,将其中一个数字上下颠倒,我们就可以得到 931 这个数,而它是可以被 7 整除的($133 \times 7 = 931$)。记得吗?最初的挑战是要重新"摆放"各位数字,这样就完成了,尽管是以非传统的方式。当我们遇到数学挑战时,有时候需要这样的思考。

既然我们在以这种方式思考,那么请考虑等式 XI + I = X(罗马数字),你能在不触碰这些数字的情况下修正这个等式吗?这里提出的挑战听起来很荒谬。怎么可能改变这个等式使之正确呢?答案很简单。倒过来看,你就会看到 X = I + IX。这会再一次启发观众的思维,让他们"跳出框框思考"。

一个逗趣的难题

这里有一个很好的小把戏,可以用它给观众带来乐趣。首先选一个人与你合作,让这个人左右手各抓一把硬币,附带条件是一只手里有偶数枚硬币,另一只手里有奇数枚硬币。你并不知道哪只手里的硬币数是奇数还是偶数。让你的朋友把右手的硬币数乘以 2,左手的硬币数乘以 3,再把这两个乘积加起来,然后告诉你总和是多少。如果总和是偶数,那么左手里有偶数枚硬币;如果总和是奇数,那么左手里有奇数枚硬币。用一些简单的算术分析就能解释这个把戏。

一个有挑战性的局面

假设你需要从一条小溪里恰好取 400 毫升水,但只有两个瓶子可供使用。一个瓶子的容量为 300 毫升,另一个瓶子的容量为 500 毫升。怎么才能正好量出 400 毫升的溪水带回来? 你或许应该给观众几分钟的时间,去设法想出一个合适的解答。

一种方法是先把 500 毫升的瓶子装满,然后将其中 300 毫升水倒入第二个瓶子,于是 500 毫升的瓶子里还剩下 200 毫升水。接着倒空 300 毫升的瓶子,把 500 毫升瓶子里剩下的 200 毫升水倒进 300 毫升的空瓶子里。再次装满 500 毫升的瓶子,然后用里面的水灌满 300 毫升的瓶子——这个瓶子里已经有上一次留下的 200 毫升水了。因此从 500 毫升的瓶子里倒出的水应该是 100 毫升,于是在 500 毫升的瓶子里剩下 400 毫升的水,这就是你想达到的目标。

混乱还是简单

如果平均而言，一只半母鸡每一天半能下一个半蛋，那么 6 只母鸡 8 天能下多少个蛋？这听起来有些混乱，但一旦得到解答，就会发现它既有趣味性又有启发性。

可以用多种不同的方法来解决这个问题。有人可能会认为下面的解答比较复杂。由于 $\frac{3}{2}$ 只母鸡工作了 $\frac{3}{2}$ 天，我们可以认为这项工作花费了 $\frac{3}{2} \times \frac{3}{2} = \frac{9}{4}$ "母鸡·天"。用同样的方式来表示，第二项工作要花费 $6 \times 8 = 48$ "母鸡·天"。设 x 为 6 只母鸡 8 天的产蛋数，我们可以建立以下比例关系：$\dfrac{\frac{9}{4} \text{母鸡·天}}{48 \text{母鸡·天}} = \dfrac{\frac{3}{2} \text{个蛋}}{x \text{个蛋}}$，这可以写成 $\frac{9}{4}x = 48 \times \frac{3}{2} = 72$，解得 $x = 32$。

解答这个问题的另一种方法是建立以下表格：

下蛋母鸡的数量	产蛋数	天数
$\frac{3}{2}$	$\frac{3}{2}$	$\frac{3}{2}$
3	3	$\frac{3}{2}$
3	6	3
3	2	1
6	4	1
6	**32**	8

这个问题展示了逻辑和代数如何能以各自的方式去解答同一个问题。虽然它一开始看起来很复杂，但其实并不像它显示的那样具有挑战性。

将看似困难的问题变得微不足道

有时,一个问题看起来相当困难,但如果有一些经验或良好的洞察力,就可以将它变得微不足道。例如,求图 4.1 中的阴影区域的面积,它是由边长为 1 个单位的正方形 $ABCD$ 内的两段四分之一圆弧围成的。

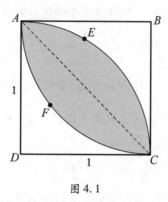

图 4.1

可以用多种不同的方法来解决这个问题。一种常见的方法是添加对角线 AC,求出四分之一圆 $ADCE$ 的面积为 $\frac{\pi}{4}$,再减去 $\triangle ADC$ 的面积 $\frac{1}{2}$,得到 $\frac{\pi}{4} - \frac{1}{2}$,然后将这个弓形面积加倍,即得到要求的阴影区域面积 $2\left(\frac{\pi}{4} - \frac{1}{2}\right) = \frac{\pi}{2} - 1$。

更为巧妙的方法,也许是简单地求出四分之一圆 $ADCE$ 的面积 $\frac{\pi}{4}$,再将其与四分之一圆 $ABCF$ 的面积 $\frac{\pi}{4}$ 相加,得到总面积 $\frac{\pi}{2}$,然后减去正方形 $ABCD$ 的面积,得到 $\frac{\pi}{2} - 1$。这时留下的就是阴影区域,因为它被重复计入了两次。这种不寻常的策略提供了一个相当巧妙的解答,可能会给人以启发。

扩展费马大定理

数学作为新闻出现的次数并不多。然而,1995 年 1 月 31 日,《纽约时报》(*New York Times*)报道[1],"费马大定理"(Fermat's last Theorem)在沉睡未解 358 年之后,终于被安德鲁·怀尔斯(Andrew Wiles)[2]证明了。法国著名数学家费马(Pierre de Fermat,1607—1665)在他的一本代数书的页边空白处写道,在 $n > 2$ 的情况下,方程 $a^n + b^n = c^n$ 没有整数解。他提到,在这本书的页边空白处没有足够的空间可以写下对这个猜想的证明。直到现在,我们仍然不知道他当时有没有对此作出证明。不过,注意到以下这一点会给我们带来乐趣:如果我们将其扩展到 $a^n + b^n + c^n = d^n$,就可以找到合适的 $n > 2$ 的值,即 $n = 3$。在这种情况下,$3^3 + 4^3 + 5^3 = 6^3$。这个例子仅仅表明了即使费马大定理一直悬而未决,但多年来对费马大定理的各种研究仍然揭示出其他类似的关系。展示数学史上的一个事件如何提供了一些有趣的关系,并可能让人们从中学到一些东西,通常是一种很好的做法。

---

[1] Kolata,G. *How a Gap in the Fermat Proof Was Bridged.* New York Times,January 31,1995. ——原注

[2] 参见 Posamentier, A. S. and C. Spreitzer. *Math Makers: The Lives and Works of 50 Famous Mathematicians.* Guilford,CT: Prometheus Books,2020. ——原注

多角形求和

向观众提供一项看似简单但有时会变得极具挑战性的任务,这一定会带来乐趣。让我们从一个比较简单的形式开始,在一个三角形的各边上放置 1 到 9 的数,使得每边的 4 个数之和相等。我们在图 4.2 中提供了两种可能性,但很明显,观众们可能会去寻找其他的可能性。

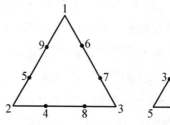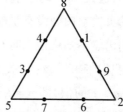

图 4.2

另一个这样的智力游戏可以出现在五角星上,要求观众将 1 到 12 的数放在五角星各边的交点上,使得所有成一线的 4 个数之和都是 24。虽然只用到 10 个数,但仅仅用 1 到 10 的数是不可能完成这项任务的(我们跳过 7 和 11 这两个数,并使用 12 这个数)。当然,提出五角星问题时,先不要给出我们在图 4.3 中标出的这些数。

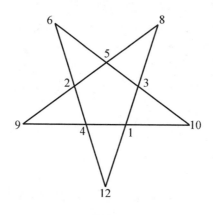

图 4.3

你可能想要将它扩展到另一个与前面类似的挑战。在这里,你要让观众把 1 到 12 的数填在六角形的各边交点上,就像我们在图 4.4 中所做的那样,使得沿着每一条直线的各数之和都是 26,且六角形 6 个顶点的各数之和也是 26。此外,中心六边形的 6 个顶点上的各数之为 $2 \times 26 = 52$。在图 4.4 中,我们提供了 3 种这样的可能性。

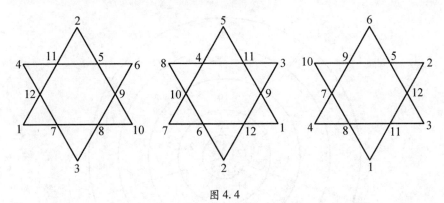

图 4.4

现在,如果你真的想给观众带来更多乐趣,那么让他们想办法把 1 到 6 的数放在 3 个圆的交点处,使得每个圆上的各数之和都相等。我们在图 4.5 中提供了一种解答。

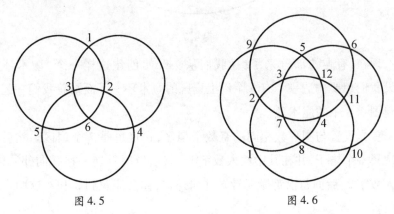

图 4.5   图 4.6

下面再次扩展这一挑战。这一次我们给出 4 个彼此相交的圆,同样地,要求沿着每个圆的交点处的各数之和应该都相等。在图 4.6 中,我们提供了一种解答。

在结束这些令人愉快的数字几何排列之前,我们再展示一个令人惊叹的环形（见图4.7）。在这里你会看到，每个环中的各数之和是65，每个扇区中的各数之和也是65。如果你从中间开始构造一个逆时针的螺旋，比如螺旋1,18,10,22,14，那么它们的总和将仍然是65，令人惊叹！这肯定会让观众们大吃一惊，并最终为他们带来乐趣！

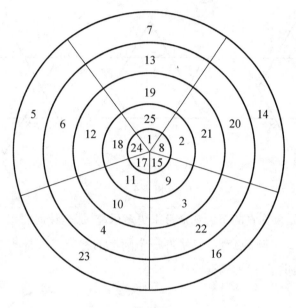

图 4.7

现在，有趣的部分来了，让我们从头开始创建这样一个"魔术环"。假设我们想要构造一个有5个以上扇区的魔术环。下面跟着我们一起来创建图4.8中的魔术环。

首先设置与圆环数相同的奇数个扇区，在这里是7个扇区。然后任意选择一个格子，并在其中放入数字1。接着顺时针转一格并向外一格，放入数字2；后面每次都顺时针转并向外移，你会注意到3和4这两个数的位置。

当你到达最外边的环时，下一步应该把下一个数字5放入下一个扇区的中心位置。然后继续，再次顺时针转并向外移。当你接下去要放的那个格子已被占据时，就要在同一扇区中进行下一步移动，往圆环中心移动一格。我们在数字8要放入的格子被数字1占用的情况下进行了这样

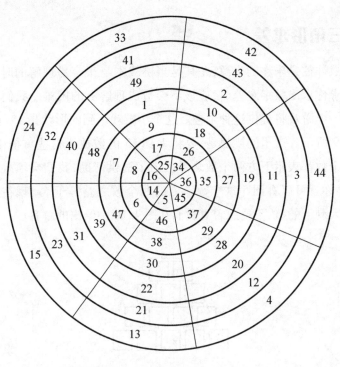

图 4.8

的操作,将 8 与 7 放在同一扇区中,并往圆环中心移动一格。当我们继续下去时,你会注意到螺旋一直畅通无阻,直到 13 这个数,于是我们把 14 放在下一个扇区的中心位置。现在出现了一个不同往常的修正:因为 15 应该放入的格子已经被 8 占据了,所以要把 15 与 14 放在同一个扇区,但是 14 已经位于圆环中心处,于是要把 15 放在最外圈的环内。然后数字 16 放入下一个扇区的中心位置,螺旋线继续,直到 21 这个数。由于 22 要放入的格子已被占用,将它放入与 21 同一扇区的离中心更近的一个格子。这个过程一直持续下去,直到最后一个数,在本例中是 49。当你检验每个环中的各数之和时,你会发现总数都是同样的 175。请记住,你可以用其他圆环来执行此操作,只要扇区数等于环数,且两者都是奇数。观众们应该会因为成功完成一个魔术环而获得一种成就感。

三角形求差

挑战往往是乐趣的来源,尤其是当挑战本身很容易理解的时候。当仅仅要求你求出数字之差时,应该不会造成理解上的困难。我们在这里介绍的一个游戏将提供这种乐趣。这个小游戏用到的形状是 15 个方框,如图 4.9 所示。这里的挑战是,要将 1 到 15 的数放入这些方框中,从而能使每个数都表示下方两个数之差。为了提供帮助,我们会填入前 3 个数,这样你就可以看到 5 这个数下方的两个数之差等于 5。现在试着自己去填入剩下的数,不要急着看我们在图 4.10 中给出的解答。

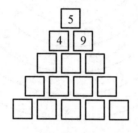

图 4.9

也许要你不看答案并不容易做到,但如果你正在向观众提出这道题,那么请你不要让他们看到图 4.10 中所提供的解答。

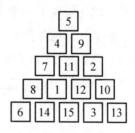

图 4.10

我们在这里用的是一个 5 行的三角形,你也可以用 2 行、3 行或 4 行的这种三角形来做。但已经证明,不可能有比上面展示的 5 行三角形更大的三角形符合要求。观众们可能希望尝试创建其他的这种三角形。

用时钟获得乐趣

时钟可以成为趣味数学的一个有趣来源。让我们从一个钟面开始这趟旅程。先来求出 4 点以后时针和分针发生重叠的准确时间。对于这个问题,你的第一反应很可能会简单地回答 4:20。但这样就没有考虑到,当分针在快速地做匀速转动时,时针也在做匀速转动。敏锐的读者在想到这一点之后,就会开始估计答案在 4:21 到 4:22 之间。你应该意识到,时针每 12 分钟走过分钟标记的一个间隔。因此,它将在 4:24 离开 21 分到 22 分的这个间隔。不过,这并不能回答最初关于两根指针发生重叠的准确时间这个问题。

我们将提供一个"诀窍"来更好地处理这种情况。你意识到 4:20 这个第一猜测不是正确答案,因为时针不会保持静止,当分针移动时它也会移动。这里的诀窍是将错误答案 20 乘以 $\frac{12}{11}$ 得到 $21\frac{9}{11}$,于是得到正确答案:$4:21\frac{9}{11}$。

理解时钟指针运动的一种方法是,考虑两根指针都匀速地绕着钟面独立运行。时钟上的分钟标记(从现在起简称为"标记")将用来表示距离和时间。现在将 4 点钟作为初始时间。我们的问题是,要准确地确定分针在 4 点以后的何时与时针重叠。假设时针的转速是 r,那么分针的转速必定是 $12r$。我们要求的距离,是用分针为了赶上时针必须移动的标记数来度量的。让我们设这个距离为 x 个标记。于是,时针移动的距离就是 $x-20$ 个标记,因为它在开始时领先分针 20 个标记(见图 4.11)。

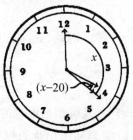

图 4.11

为此,分针所需的时间 $\frac{x}{12r}$ 和时针所需的时间 $\frac{x-20}{r}$ 要相同。因此,

$\frac{x}{12r} = \frac{x-20}{r}$,解得 $x = \frac{12}{11} \times 20 = 21\frac{9}{11}$。于是,分针将在 $4:21\frac{9}{11}$ 恰好与时针重叠。

考虑表达式 $x = \frac{12}{11} \times 20$。如果我们假设时针保持静止,那么 20 这个量就是分针到达所需位置必须移动的标记数。然而,很明显,时针并不是静止不动的。因此,我们必须将这个量乘以 $\frac{12}{11}$。于是,我们可以将 $\frac{12}{11}$ 这个分数称为"修正因子"。

为了更熟悉如何使用修正因子,我们将选择一些短小而简单的问题。例如,你可以查找时针和分针在 7 点到 8 点之间发生重叠的确切时间。在这里,你首先要再次假设时针保持静止,以确定分针从"12"这个位置到时针所在位置"7"的距离。然后将这个标记数 35($=7 \times 5$)乘以修正因子 $\frac{12}{11}$ 得到 $38\frac{2}{11}$,于是得到时针和分针发生重叠的准确时间为 $7:38\frac{2}{11}$。

为了加深你对这一新流程的理解,请考虑有一个人正在对照电子钟检查一块手表,并注意到手表上的时针和分针每 65 分钟(由电子钟测量)重叠一次。这块手表是走快了、走慢了,还是准的?

你不妨按以下方式考虑这个问题。12 点钟时,时针和分针恰好重叠。使用前面描述的方法,我们发现时针和分针会在 $1:05\frac{5}{11}$ 再次重叠,然后在 $2:10\frac{10}{11}$ 再次重叠,之后在 $3:16\frac{4}{11}$ 再次重叠,以此类推。每两次重叠位置之间的间隔是 $65\frac{5}{11}$ 分钟。因此,这个人的手表不准,每重叠一次相差一分钟的 $\frac{5}{11}$。你现在能确定这块手表是走快了还是走慢了吗?

还有许多其他有趣的、有时显得相当困难的问题,通过这个修正因子可以使其变得简单。你可以很容易提出你自己的问题。例如,你可能希

望找到 8 点到 9 点之间时针和分针首次相互垂直(即形成一个直角)的准确时间。

同样,你要设法确定分针从"12"这个位置走到它与静止的时针形成所需的角度必须移动的标记数,然后将这个数乘以修正因子$\frac{12}{11}$,以得到准确的时间。也就是说,要找到 8 点到 9 点之间时针和分针首次相互垂直的准确时间,就需要确定时针保持静止时分针需要处于的位置(它在 25 分的标记处),然后将 25 乘以$\frac{12}{11}$得到 $27\frac{3}{11}$,于是 $8:27\frac{3}{11}$ 就是 8 点后时针和分针首次相互垂直的准确时间。

对于那些想从非代数的角度来看待这个问题的人,可以用下面的方法来证明重叠间隔的修正因子是$\frac{12}{11}$。

考虑正午时刻时钟的两根指针。在接下去的 12 小时内(即直到午夜指针回到同一位置期间),时针转 1 圈,分针转 12 圈,分针与时针重合 11 次(包括午夜,但不包括正午,因为是从正午时针和分针分开后开始计算的)。两根指针都是匀速转动的,因此它们每$\frac{12}{11}$小时重叠一次,或者说每 $65\frac{5}{11}$ 分钟重叠一次。这一点可以扩展到其他情况。用一个简单的流程(即利用我们的修正因子)解决了一个通常看来非常困难的时钟问题,你应该由此获得了巨大的成就感和乐趣。

什么是相对性

大多数非专业人士通常都没有很好地理解相对性的概念。虽然一说起相对性，人们经常会联想起爱因斯坦，但它还有许多其他的应用。对于一些人来说，这可能是一个很难理解的概念。因此，我们应该表现出耐心和鼓励，慢慢引导他们向前，并用使这个概念易于理解的方式来呈现它。请考虑以下问题：

戴维在往上游划船的过程中，有一个软木塞掉到了船外，但他继续向前划了 10 分钟。随后他回头去追这个软木塞，并在当软木塞沿着小溪顺流而下 1 英里时把它捡了回来。水的流速是多少？

与其用代数课程中常见的传统方法来解决这个问题，不如让我们按照以下方式来考虑。通过引入相对性的概念，可以使这个问题变得简单得多。溪水是在向下游流动并带着戴维顺流而下还是静止不动，这并不重要。我们只关心戴维与软木塞的分开和重遇。如果溪水静止不动，那么戴维划到软木塞处所需的时间和划离软木塞所需的时间就一样长。也就是说，他需要 10 + 10 = 20 分钟。由于软木塞在这 20 分钟内移动了 1 英里，所以水的流速就是 3 英里/时。对于一些人来说，这可能不是一个容易理解的事情，最好让他们静下心来思考一下。相对性是一个值得理解的概念，因为它在日常的思维过程中有许多有用的应用。毕竟，除了有机会为我们带来一些乐趣以外，理解数学也是目的之一。

连续百分比

大多数人都发现,百分比问题长期以来一直充当着令人不快的宿敌的角色。当需要在同一情况下处理多个百分比时,问题就会变得特别混乱。本节呈现的内容不仅可能很有趣,而且可以把这个曾经的宿敌变成一种令人愉快的、简单的算法,它提供了许多有用的应用,并为连续百分比问题提供了新的见解。这个不太为人所知的流程应该会令你的观众着迷。让我们首先考虑以下问题:

> 芭芭拉想买一件外套,却陷入了两难。相邻的两家相互竞争的商店在以相同的标价出售同一品牌的外套,但它们提供的是两种不同的折扣优惠。A 店全年所有商品都有 10% 的折扣,但在这一天,A 店在已经打过折的价格基础上再打 20% 的折扣。为了保持竞争力,B 店在当天直接提供 30% 的折扣。哪家商店的价格比较优惠? 芭芭拉所面对的这两个选项之间有多少个百分点的差异?

乍一看,你也许会认为这两个价格没有差别,因为你可能觉得 10% + 20% = 30%,于是两种情况下的折扣是一样的。不过,再仔细想想,你也许就会意识到这是不对的。因为在 A 店,只有 10% 是按照原来的标价计算的,还有 20% 是按较低的价格计算的;而在 B 店,整个 30% 都是按原价计算的。现在要回答的问题是,A 店和 B 店的折扣相差几个百分点?

一种常见的流程可能是,假设这件外套的价格是 100 美元,在 A 店计算 10% 的折扣后得到的价格是 90 美元,再折去 90 美元价格的 20%(即 18 美元),价格就会降到 72 美元。在 B 店,100 美元的 30% 折扣将使价格降到 70 美元,折扣差额为 2 美元,在本例中就是 2%。这一流程虽然正确,也不太难,但有点繁琐,而且并不总是能让你对情况有一个全面的洞察。

这里提供一种有趣且极不寻常的流程①,以提供趣味性和对该问题

---

① 这是在没有证明其成立的情况下给出的,以免使读者分心,影响问题的解答。不过,读者若要进一步讨论这一流程,可以参考 A. S. Posamentier and B. S. Smith, *Teaching Secondary School Mathematics*:*Techniques and Enrichment Units*(World Scientific Publishing. 10th Edition,2020)。——原注

的新看法。我们提供一种机械的方法来获得等价于两个(或更多)连续折扣(或增长)的单个百分比折扣(或增长)。

（1）将每个百分比都改写为十进制形式：

对于上述问题中的 A 店，我们会得到 0.10 和 0.20。

（2）用 1.00 减去这些小数：

我们下一步会得到 0.90 和 0.80(对于增长的情况，则用 1.00 加上这些小数)。

（3）将这些差相乘：

我们得到 $0.90 \times 0.80 = 0.72$。

（4）用 1.00 减去这个数：

我们得到 $1.00 - 0.72 = 0.28$，而这就表示组合折扣。

（如果步骤 3 的结果大于 1.00，则将其减去 1.00，得到增长的百分比。）当我们将 0.28 变换回百分比形式时，就得到 28%，这等价于 20% 和 10% 的连续折扣。

回答最初提出的问题：28% 的组合折扣与 30% 之间相差 2%。

按照相同的流程，你还可以组合两个以上的连续折扣。此外，这一流程还适用于连续增长，且无论这种增长是否与折扣组合。方法是：用 1.00 加上增量的十进制等效值表示增长，用 1.00 减去优惠的十进制等效值表示折扣，然后以相同的方式继续这一流程。如果最终结果大于1.00，那么这个结果反映出整体是增长的，而不是上述问题中减少的折扣。

这一流程不仅使一种通常很繁琐的情形变得流畅，还提供了对百分比总体情况的一些洞察。例如考虑这样一个问题："在上述问题中，先打 20% 的折扣再打 10% 的折扣，或者先打 10% 的折扣再打 20% 的折扣，哪种情况下购买者比较合算？"从直觉上来说，这个问题的答案并不是很明晰。不过，正如刚才介绍的流程所表明的，整个计算过程只涉及乘法，而这是一种可交换的运算，因此我们立即发现这两个选项之间并没有区别。

你在这里得到了一个很好的算法来组合连续的折扣或增长，或者折扣与增长的组合。这种算法不仅有用，而且当观众没有计算器可用时，还可以为他们提供一种处理百分比的新技能。

百分比难题

　　向观众提一个与日常生活相关的问题可能会比较有趣,其解答可能会有些难以捉摸。考虑以下情形:查理买了两台平板电脑,然后以120美元的价格将其中一台卖给了马克斯,获利25%。他又以120美元的价格把另一台平板电脑卖给了萨姆,损失了25%。通常人们会认为他不赔不赚。你的观众会怎么想?

　　让我们来看看第一台平板电脑,他以120美元的价格售出,获利25%,这表明他购买时支付了96美元,获利24美元。他把另一台平板电脑卖给萨姆时损失了25%,这表明他购买时支付了160美元,损失了40美元。因此,他的损失是40 − 24 = 16,即在整个交易中损失了16美元。初看起来,这是一个出乎意料的,甚至可能违反直觉的解答,不过它会给观众提供有用的见解,也许还有一些乐趣。

用代数帮助推理

有些时候,问题的解答是相当违反直觉的。像下面这样的一个简单问题会令人不禁想问:"为什么我没能从逻辑上得出结论?"这个问题如下:

一罐金枪鱼的成本是 50 美分,而金枪鱼的成本比罐子贵 30 美分。这个罐子的成本是多少?

通常情况下的第一反应是,罐子的成本应该是 20 美分。不过,借助代数,我们可以相当简单地解答这个问题。如果我们设 C 为罐子的成本,T 为金枪鱼的成本。于是,一罐金枪鱼的成本就是 $C + T = 50$,而金枪鱼的成本是 $T = C + 30$。当我们将第二个等式代入第一个时,就得到 $C + (C + 30) = 50$,解得 $C = 10$。这并不是先前预测的结果。

另一种值得思考的反直觉情况

我们有三卷本的一套书,每本书厚 2 英寸①,并按照从第一卷到第三卷的顺序并排摆放。一条书蛀虫从第一卷的封面钻了一个洞,一直爬到第三卷的封底。问题是:这条虫子爬了多远?

很自然,预期的回答是,虫子爬了 6 英寸,即穿过每一本书。不过,如果你看看图 4.12,就会发现虫子只爬了 2 英寸,因为它只穿过了第二卷。

图 4. 12

① 1 英寸 = 2.54 厘米。——译注

地图着色

首先问问观众:有没有想过地图是如何着色的? 除了决定要使用哪些颜色之外,还可能出现的一个问题是:一幅特定的地图需要多少种颜色,才能使每条边界的两侧不使用相同的颜色? 好吧,数学家们已经确定了这个问题的答案,即我们永远不需要超过 4 种颜色就能给任何地图上色,不管地图上有多少边界或扭曲的排列。多年来,这个关于需要多少种颜色的问题一直困扰着数学家们,尤其是那些从事拓扑学研究的人。拓扑学是与几何学有关的一个数学分支,其中所讨论的图形可能出现在平面或三维表面上。拓扑学家研究的是一个图形在按照一组规则被扭曲或拉伸后仍然保持不变的特性。一根两端相连的绳子可以呈圆形,也可以呈正方形,这对拓扑学家来说都是一样的。在进行这种变换时,其中的各"点"沿着绳子的顺序不会改变。这种有序性在形状扭曲中被保留了下来,正是这种性质吸引了拓扑学家的兴趣。因此,对于拓扑学家来说,一个圆和一个正方形代表着相同的几何概念。

在整个 19 世纪,人们认为即使是看起来最复杂的地图也只需要用 5 种颜色。不过,当时人们一直强烈怀疑 4 种颜色就足够了。直到 1976 年,数学家阿佩尔(Kenneth Appel,1932—2013)和哈肯(Wolfgang Haken,1928—)才"证明"了 4 种颜色足以给任何地图着色。然而,他们使用的是非常规的方法,即利用一台高性能计算机考虑了所有可能的地图布局。必须说,仍然有数学家对这个证明不满意,因为它是用计算机,而不是用传统的"手工"方式完成的。在此之前,它被认为是数学中著名的未解问题之一。现在,让我们来深入考虑各种地图,以及需要多少种颜色为它们着色,才能使两个区域的公共边界两侧不使用相同的颜色。观众们也可能想拿一张复杂的地图作为例子来考虑。这个问题显然适用于任何地图着色。

假设我们考虑一幅构形类似图 4.13 所示的地图。

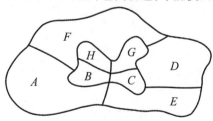

图 4.13

在这里,我们注意到有 8 个用字母表示的不同区域。现在我们列出与区域 H 具有公共边界的所有区域,以及与区域 H 共享一个公共顶点的所有区域。字母 B,G,F 所指定的区域与区域 H 共享一条边界,字母 C 所指定的区域与区域 H 共享一个顶点。

请记住,当所有区域都完成了着色,并且共享同一边界的任何两个区域具有不同的颜色时,就认为地图已正确着色了。共享同一顶点的两个区域也可以使用相同的颜色。让我们考虑为一些地图(图 4.14)着色,看看有哪些不需要超过 3 种颜色的地图构形。图中的字母表示不同颜色:**b**/蓝色,**r**/红色,**y**/黄色,**g**/绿色。

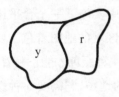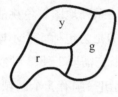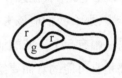

图 4.14

第一幅地图可以用两种颜色着色,比如黄色和红色。第二幅地图需要 3 种颜色,比如黄色、红色和绿色。第三幅地图虽然有 3 个独立的区域,但只需要 2 种颜色,比如红色和绿色,因为最里面的领土与最外面的领土没有公共边界。

看来可以合理地得出这样的结论:如果一幅有 3 个区域的地图可以用少于 3 种颜色着色,那么一幅有 4 个区域的地图也可以用少于 4 种颜色着色。让我们来考虑这样的一些地图。

图 4.15 左侧所示的地图有 4 个区域,只需要 2 种颜色就可以正确着色。图 4.15 右侧所示的地图也由 4 个区域组成,却需要 3 种颜色才能正确着色。

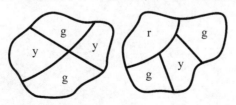

图 4.15

我们现在要考虑一幅需要 4 种颜色才能对各区域正确着色的地图。本质上,这幅地图的 4 个区域中的每一个都与其他 3 个区域有一条公共边界。图 4.16 显示了这样的一幅可能的地图。

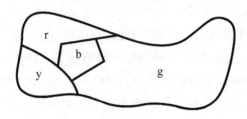

图 4.16

现在,如果我们想在这一系列地图着色挑战中实施下一个合乎逻辑的步骤,那么我们应该考虑的是为包括 5 个不同区域的地图着色。要绘制出一幅有 5 个区域的地图,它需要 2 种、3 种或 4 种颜色才能正确着色,这都是有可能的。而要绘制出一幅有 5 个区域的地图,它需要 5 种颜色才能正确着色,这是不可能的。这一奇异现象可以通过进一步的探究加以归纳,并且应该会让你相信,在一个平面上,任何数量的区域都可以用 4 种或更少的颜色成功着色。你可能想挑战一下朋友们,让他们设计一张包含任意多个区域的地图,它需要 4 种以上的颜色,才不会出现任何两个具有公共边界的区域共享同一种颜色。

这个挑战已经存在了很多年,有一些最聪明的头脑接受了挑战,但是正如我们之前所说的,这个问题已经在两位数学家阿佩尔和哈肯的努力下解决了。数学中仍有许多猜想尚未被证明是正确的,但也从未被证明是错误的。在这里,我们至少有一个猜想已经得到了解决。这样的故事也是广大观众的乐趣来源。

过桥

纽约市主要是由岛屿组成的（事实上，这座城市唯一属于大陆的部分是布朗克斯区——当然，不包括城市岛），幸好城市里有许多桥梁。这里举行的自行车赛和田径比赛，在整个行程中要穿越好几座桥。如今，人们认为过桥是理所当然的。它们本质上成为了道路的一部分，除非需要支付通行费才会特别让人注意。在18世纪以及更早的时候，步行还是市内交通的主要形式，人们经常会数一数他们经过的特定种类的物体，其中之一就是桥。18世纪的普鲁士小城柯尼斯堡[Königsberg，现在叫加里宁格勒（Kaliningrad），位于俄罗斯境内]，普雷格尔河在此处形成了两条支流，当地居民面临着一个很有趣的问题：一个人在一次通过该城的连续行走过程中，能否从7座桥中的每一座桥都恰好经过一次？这座城市的居民把这当作一项趣味挑战，尤其是在周日下午。由于没有任何人尝试成功，因此这一挑战持续了许多年。

这个问题虽然本质上很有趣，但它也提供了一个了解网络的极好窗口。这种理论被称为图论（graph theory），是几何学的一个扩展领域，它给了我们一个关于这个主题的新视角。首先，让我们呈现出这个问题。在图4.17中，我们可以看到突出显示了这7座桥的城市地图。

在图4.18中，我们将中间的岛标示为 A，河的左岸标示为 B，右岸标示为 C，两条上游河段支流之间的区域标示为 D。如果我们从木桥（Holzt）出发，走过铁匠桥（Sohmede），再走过蜜桥（Honig），走过高桥（Hohe），走过科忒尔桥（Köttel），走过绿桥（Grüne），那么我们就无法走过店主桥（Krämer）。另一方面，如果我们从店主桥出发，走过蜜桥，走过高桥，走过科忒尔桥，走过铁匠桥，走过木桥，我们就无法走过绿桥。

1735年，著名的瑞士数学家欧拉（Leonhard Euler，1707—1783）从数学上证明了这种行走是不可能实现的①。这个问题已被称为柯尼斯堡桥

---

① 参见《优雅的等式：欧拉公式与数学之美》，涂泓、冯承天译，人民邮电出版社，2018年。——译注

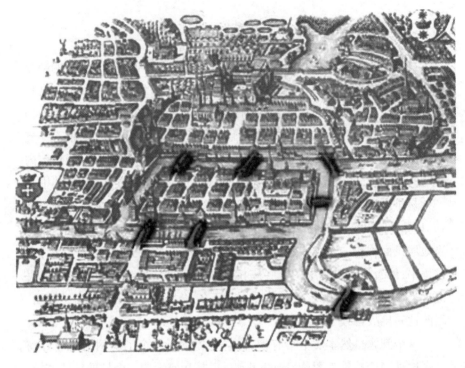

图 4.17

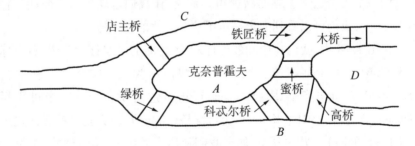

图 4.18

问题①，众所周知，它是网络拓扑问题的一个美妙应用。观察如何恰当地使用数学来彻底解决一个实际问题，这非常有意思。在我们开始着手解答这道题目之前，我们应该先熟悉一下其中所涉及的一些基本概念。为

---

① 参见《数学的世界Ⅵ》，涂泓译，冯承天译校，高等教育出版社，2018 年。——译注

此,请你用一支铅笔沿着以下每一个构形描画,不遗漏任何一个部分,也不重复经过任何一个部分。记下从端点 A, B, C, D, E 出发的弧或线段的数量。

像图 4.19 中所示的 5 个图形这样由线段或连续的弧构成的结构,称为网络(network)。以某一特定顶点为端点的弧或线段的数量,称为该顶点的度(degree)。

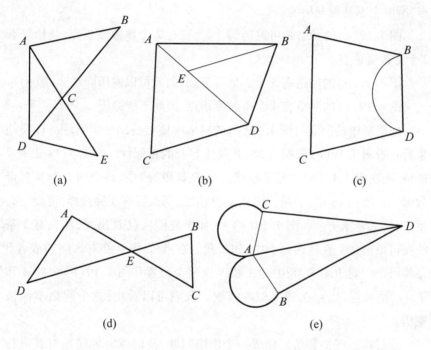

图 4.19

在尝试不将铅笔提离纸面,也不经过任何线条超过一次的情况下描画这些网络以后,你应该会注意到两个直接的结果。能够描画(或者叫遍历)的网络需要满足以下两点之一:(1)它们的顶点全都是偶数度;(2)它们恰好有两个奇数度的顶点。以下两条陈述总结了这一发现。

1. 在一个连通网络中,存在着偶数个奇数度顶点。

2. 仅当一个连通网络至多有两个奇数度顶点时,才能遍历这个网络。

图 $4.19(a)$ 的网络有 5 个顶点。顶点 B,C,E 具有偶数度,顶点 A 和 D 具有奇数度。由于图中恰好有 2 个奇数度顶点及 3 个偶数度顶点,因此它是可遍历的。如果我们从点 A 出发,然后向下到点 D,经过点 E,再向上回到点 A,经过点 B,再向下到点 D,就得出了一条符合要求的路径。

图 $4.19(b)$ 的网络也有 5 个顶点。顶点 C 是唯一的偶数度顶点,顶点 A,B,E,D 都具有奇数度。其结果是,因为这个网络有超过 2 个奇数顶点,所以它不是可遍历的。

图 $4.19(c)$ 的网络是可遍历的,因为它有 2 个偶数度顶点,且恰好有 2 个奇数度顶点。

图 $4.19(d)$ 的网络有 5 个偶数度顶点,因此可以遍历。

图 $4.19(e)$ 的网络有 4 个奇数度顶点,因此不能遍历。

柯尼斯堡桥问题与图 $4.19(e)$ 的网络本质上是同一个问题。让我们来看一看图 $4.19(e)$ 和图 4.18,并关注它们的相似性。在图 4.18 中有 7 座桥,而在图 $4.19(e)$ 中有 7 条线。在图 $4.19(e)$ 中,每个顶点都具有奇数度。在图 4.18 中,如果我们从点 D 出发,那么就有 3 种选择:可以去高桥、蜜桥或者木桥。在图 $4.19(e)$ 中,如果我们从点 D 出发,那么有 3 条线路可以选择。在这两张图中,如果我们在点 C,那么都有 3 座桥或者 3 条线可走。对于图 4.18 中的 A 和 B 这两个位置和图 $4.19(e)$ 中的 A 和 B 这两个顶点,也存在着类似的情况。我们可以看出,这个网络不能被遍历。

通过将这些桥和岛简化成一个网络问题,我们就能轻松地对其进行解答。这是数学中的一种聪明的解题策略。你可能想要尝试在你所在的地区找到一组本地的桥来创建一个类似的挑战,然后看看行走是否可遍历。这个问题及其对网络的应用是拓扑学领域的一个极好入门。

我们也可以将这种网络可遍历性的技巧应用于著名的五居室住宅(five-bedroom-house)问题。让我们考虑一座有 5 个房间的房子的平面图,如图 4.20 所示。

每个房间都有一个通向相邻房间的出入口和一两个通向房子外面的出入口。这里的问题是,要让一个人从屋内或屋外开始走,通过每个出入

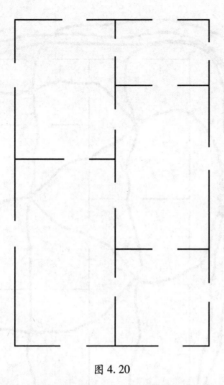

图 4.20

口恰好一次。你会认识到,尽管尝试的次数有限,但有太多的方式去使用试错法尝试解答。图 4.21 显示了连接 5 个房间 A,B,C,D,E 以及外部区域 F 的各种可能路径。

　　和之前一样,只要确定这个网络是否可以遍历,就可以回答这个问题。在图 4.21 中,我们注意到,各顶点已标记为字母 A,B,C,D,E,F。我们注意到有 4 个顶点是奇数度的,2 个顶点是偶数度的。由于不是恰好有 2 或 0 个奇数度顶点,因此该网络无法遍历。因此,五居室住宅问题不存在允许通过每个出入口恰好一次的路径。正如观众们能看到的,即使是在选择旅行路线时,数学似乎也能为我们的问题提供解答。

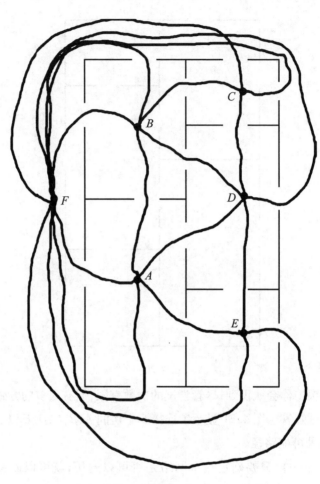

图 4. 21

重新审视毕达哥拉斯定理

在高中学过的最令人难忘的关系之一,也许要数毕达哥拉斯定理了,我们记得它的通常形式为 $a^2 + b^2 = c^2$。最常见的这种组合是:$(3,4,5)$,$(5,12,13)$,$(7,24,25)$ 等。有些读者可能会记得,通过取这些数的倍数,还可以获得其他这样的三元数组,例如 $(6,8,10)$,$(10,24,26)$ 或 $(21,72,75)$ 等。不过,有一种相当鲜为人知的关系也可以产生其他毕达哥拉斯三元数组。这些三元数组不一定是原始三元数组的倍数,而是通过以下方式组合两个已知的毕达哥拉斯三元数组来实现。让我们考虑三元数组 (a,b,c),其中 $a^2 + b^2 = c^2$,以及 (A,B,C),其中 $A^2 + B^2 = C^2$。通过以下方式组合这两个三元数组,就会构造出一个新的毕达哥拉斯三元数组:$(aA - bB)^2 + (aB + bA)^2 = (cC)^2$。假设我们现在要使用这一流程来构造新的毕达哥拉斯三元数组。让我们试试上面提到的前两个三元数组,即 $(3, 4, 5)$ 和 $(5, 12, 13)$。应用上面的这个新公式,我们得到 $(3 \times 5 - 4 \times 12)^2 + (3 \times 12 + 4 \times 5)^2 = (5 \times 13)^2$,即 $(15 - 48)^2 + (36 + 20)^2 = 65^2$,也即 $33^2 + 56^2 = 65^2$,这样就有 $1089 + 3136 = 4225$。于是我们就构造出了毕达哥拉斯三元数组 $(33,56,65)$。如果观众还记得他们在上学时对毕达哥拉斯定理的那些体验,那么将他们过去的体验与这条著名定理联系起来,以一种非常吸引人的方式将上述内容呈现给他们,应该会带来令人愉悦的体验,因为这是一种相当鲜为人知的关系。请记住,我们正在生成的是非派生的毕达哥拉斯三元数组,因为它们不是先前已经确定的三元数组的倍数。现在,观众们在他们的知识库里又装入了一些非常特别的东西。

最后几点想法

在这本书中，我们讨论了各种各样的主题，这些主题将证明数学不仅是学校课程中最重要的科目之一，而且还可以非常有趣。当然，向他人介绍这些主题的方式至关重要。如果仅仅把它们当作一个巧妙的发现来呈现，就可能损失很多乐趣。因此，精心准备的呈现方式可能和内容一样重要。古老的格言"音色成就音乐"也可以应用在这里。此外，不仅呈现风格很重要，而且所选材料是否适合观众也必须谨慎对待。有相当数量的主题是普遍令人感兴趣的，而其他的则可能只适合特定的观众。作为本书的读者，你现在的任务是选择把哪些主题"摆到台面上"，以及判断它们更适合哪些观众。此外，还需要考虑呈现的顺序和时机，并且不管怎样，最终都要以极大的热情来呈现它们。通常情况下，观众不仅会对你在本书中遇到的许多有趣的事情感到好玩和印象深刻，而且你作为呈现者也应该享受介绍这些主题的过程。祝你好运，尽情享受数学的威力和美吧！

附录 A

为了简化记号，我们用 $a\mid b$ 表示数 b 能被数 a 整除，$a\Rightarrow b$ 表示论断 a 能推出论断 b，$a\Leftarrow b$ 表示论断 b 能推出论断 a，$a\Leftrightarrow b$ 表示论断 a 和论断 b 等价。

下面把正整数 M 表示为 $M = 10x + y$，如 $M = 12\ 345$，则 $x = 1234$，$y = 5$。于是我们有

$$7\mid M \Leftrightarrow 7\mid(10x + y) \Leftrightarrow 7\mid 5(10x + y) \Leftrightarrow 7\mid(49x + x + 5y) \Leftrightarrow 7\mid(x + 5y) \Leftrightarrow 7\mid(x - 2y)$$

因此

$$7\mid(10x + y) \Leftrightarrow 7\mid(x - 2y)$$

此即正文中的结论。

如果在最后一步中有 $x - 2y = 0$，那么

当 $y = 1$，有 $x = 2$，而 $M = 10x + y = 21$；

当 $y = 2$，有 $x = 4$，而 $M = 42$；

当 $y = 3$，有 $x = 6$，而 $M = 63$；

$$\vdots$$

此即正文中列举的各数字。

附录 B

沿用附录 A 中的符号，令正整数 $M = 10x + y$，有

$$13 \mid (10x + y) \Leftrightarrow 13 \mid 4(10x + y) \Leftrightarrow 13 \mid (39x + x + 4y) \Leftrightarrow 13 \mid (x - 9y)$$

因此

$$13 \mid (10x + y) \Leftrightarrow 13 \mid (x - 9y)$$

此即正文中的结论。

如果在最后一步中有 $x - 9y = 0$，那么

当 $y = 1$，有 $x = 9$，而 $M = 10x + y = 91$；

当 $y = 2$，有 $x = 18$，而 $M = 182$；

$$\vdots$$

此即正文中列举的各数字。

附录 C

我们要计算 $S = 5 \times 7 \times 9 + 7 \times 9 \times 11 + 9 \times 11 \times 13 + 11 \times 13 \times 15 + 13 \times 15 \times 17 + \cdots + 21 \times 23 \times 25$。

正文中叙述的方法:考虑 S 中第一项 $5 \times 7 \times 9$ 的前一项 $3 \times 5 \times 7$,以它的第一个因数 3 乘以 $5 \times 7 \times 9$,有

$$3 \times 5 \times 7 \times 9 = 945$$

接下来考虑 S 中最后一项 $21 \times 23 \times 25$,以 $23 \times 25 \times 27$ 的最后一个因数 27 乘以 $21 \times 23 \times 25$,有

$$21 \times 23 \times 25 \times 27 = 326\,025$$

可以证明

$$S = (21 \times 23 \times 25 \times 27 - 3 \times 5 \times 7 \times 9) \div 8$$

$$= (326\,025 - 945) \div 8 = 40\,635 \tag{1}$$

我们按上海师范大学陈跃副教授的方法来阐明这一计算过程背后的数学原理,其中要用到下面三个求和公式

$$1 + 2 + 3 + \cdots + n = \frac{n(n+1)}{2}$$

$$1^2 + 2^2 + 3^2 + \cdots + n^2 = \frac{n(n+1)(2n+1)}{6}$$

$$1^3 + 2^3 + 3^3 + \cdots + n^3 = \frac{n^2(n+1)^2}{4}$$

令

$$S_n = \sum_{k=4}^{n} (2k-3)(2k-1)(2k+1) \tag{2}$$

下面要证明

$$8S_n = (2n-3)(2n-1)(2n+1)(2n+3) - 945 \tag{3}$$

事实上,由式(2)可得

$$8S_n = 8\sum_{k=4}^{n} (2k-3)(2k-1)(2k+1) = 8\sum_{k=4}^{n} (2k-3)(4k^2-1)$$

$$= 8\sum_{k=4}^{n} (8k^3 - 12k^2 - 2k + 3)$$

$$= 64\left(\sum_{k=1}^{n} k^3 - 36\right) - 96\left(\sum_{k=1}^{n} k^2 - 14\right) - 16\left(\sum_{k=1}^{n} k - 6\right) + 8(3n-9)$$

$$= 16n^2(n+1)^2 - 16n(n+1)(2n+1) - 8n(n+1) + 24n - 936$$

$$= 16n^4 - 40n^2 - 936$$

另一方面,式(3)的右边给出

$$(4n^2-9)(4n^2-1) - 945 = 16n^4 - 40n^2 - 936$$

于是式(3)得证。当 $n = 12$ 时,就有

$$8S_{12} = 8S = 21 \times 23 \times 25 \times 27 - 945 = 326\,025 - 945$$

此即正文中所示的结果。

附录 D

关于瞬时计算的那道题，提供分析如下。我们在图 F.1 中再次展示它。

366	642	582	278	558
762	147	285	377	954
69	345	186	872	756
564	48	384	674	459
168	246	87	575	657
663	543	483	179	855

图 F.1

这里一共有 30 个三位数或两位数，我们要在每一列中选一个数，再求它们的和。

这个陈列每一列中的各数的共性是：

1. 十位数都是一样的，如第一列中都是 6，第二列中都是 4，等等；

2. 百位数与个位数的和是一样的，如第一列中 $3+6=7+2=0+9=5+4=1+8=6+3=9$，等等。

我们将图 F.1 中第 i 行第 j 列的数标记为 $m_{ij}l_jn_{ij}$，$i=1,2,\cdots,6$；$j=1$，$2,\cdots,5$，如 $m_{11}l_1n_{11}=366$，$m_{23}l_3n_{23}=285$，$\cdots$，于是，上面的两点可以表示为

$$l_1=6,l_2=4,l_3=8,l_4=7,l_5=5 \tag{1}$$

$$\begin{cases} m_{11}+n_{11}=m_{21}+n_{21}=\cdots=m_{61}+n_{61}=9 \\ m_{12}+n_{12}=m_{22}+n_{22}=\cdots=m_{62}+n_{62}=8 \\ \qquad\qquad\qquad\vdots \\ m_{15}+n_{15}=m_{25}+n_{25}=\cdots=m_{65}+n_{65}=13 \end{cases} \tag{2}$$

在第一列中任意选取 $m_{i1}l_1n_{i1}$，在第二列中任意选取 $m_{j2}l_2n_{j2}$，在第三列中任意选取 $m_{k3}l_3n_{k3}$，在第四列中任意选取 $m_{p4}l_4n_{p4}$，在第五列中任意选取 $m_{q5}l_5n_{q5}$，其中 $i,j,k,p,q=1,2,\cdots,6$，然后求和

$$S=m_{i1}l_1n_{i1}+m_{j2}l_2n_{j2}+m_{k3}l_3n_{k3}+m_{p4}l_4n_{p4}+m_{q5}l_5n_{q5}$$

注意到由式（1）可得

$$l_1+l_2+l_3+l_4+l_5=6+4+8+7+5=30$$

由式（2）可得

$$m_{i1}+n_{i1}+m_{j2}+n_{j2}+m_{k3}+n_{k3}+m_{p4}+n_{p4}+m_{q5}+n_{q5}$$
$$=9+8+7+10+13=47 \tag{3}$$

那么，若设四位数 S 为 $abcd$，则十位数相加的结果 30 对总和的后两位并无贡献，从而有

$$n_{i1}+n_{j2}+n_{k3}+n_{p4}+n_{q5}=c\times10+d$$

然而，30 中的 3 要向前进位，因此对总和的前两位有

$$a\times10+b=m_{i1}+m_{j2}+m_{k3}+m_{p4}+m_{q5}+3$$

于是由式（3）就可得出

$$a\times10+b=47-(n_{i1}+n_{j2}+n_{k3}+n_{p4}+n_{q5})+3$$
$$=50-(n_{i1}+n_{j2}+n_{k3}+n_{p4}+n_{q5}) \tag{4}$$
$$=50-(c\times10+d)$$

这样，正文中所叙述的根据 cd 求 S 的方法就有了清晰的数学表述。

再举一例，如果选图 F.1 中的第一行各数：366，642，582，278，558，它们的和为 2426。现在，求出第一行中各数的个位数之和，有 6 + 2 + 2 +

$8 + 8 = 26$,再由式(4)可得

$$a \times 10 + b = 50 - 26 = 24$$

由此可推知我们要求的和为 2426,这与用蛮力相加求和得出的答案一致。

附录 E

莫雷定理及其证明。

莫雷定理:作三角形各内角的三等分线,取靠近各边的两条三等分线的交点,则这样得到的 3 个交点构成一个等边三角形。

这是欧氏几何历经数千年的锤炼后被发现的极少数新定理之一,由英国数学家莫雷在 1904 年给一位朋友的信中提出,并在 20 年后才正式发表。该定理以其优美和证明不易而著称。至今,该定理已有不少证明方法。下面我们采用数学家韦伯斯特(R. J. Webster)使用三角方法的简易证明。

在证明过程中,要用到以下结论:

(1) 在 $\triangle ABC$ 中,有正弦定理:

$$\frac{a}{\sin A} = \frac{b}{\sin B} = \frac{c}{\sin C} \qquad (1)$$

(2) 图 F.2 中的圆 O 是 $\triangle ABC$ 的外接圆,设其半径为 r,则在 $\triangle ABC$ 中,根据正弦定理(1),以及 $\angle A = \angle D$,$\angle BCD = 90°$,$BD = 2r$,有

$$\frac{a}{\sin A} = \frac{2r}{\sin \angle BCD}$$

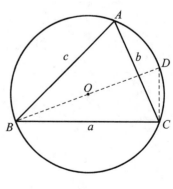

图 F.2

不失一般性，令 $r = \dfrac{1}{2}$，即有

$$a = \sin A \qquad (2)$$

（3）三倍角定理

$$\sin 3A = \sin A(3 - 4\sin^2 A) \qquad (3)$$

这是因为

$$\begin{aligned}
\sin 3A &= \sin(A + 2A) = \sin A \cos 2A + \cos A \sin 2A \\
&= \sin A(1 - 2\sin^2 A) + \cos A(2\sin A \cos A) \\
&= \sin A - 2\sin^3 A + 2\sin A \cos^2 A \\
&= \sin A - 2\sin^3 A + 2\sin A(1 - \sin^2 A) \\
&= \sin A - 2\sin^3 A + 2\sin A - 2\sin^3 A \\
&= 3\sin A - 4\sin^3 A = \sin A(3 - 4\sin^2 A)
\end{aligned}$$

接下来，考虑图 F.3。由 $3\alpha + 3\beta + 3\gamma = 180°$，有

$$\alpha + \beta + \gamma = 60°$$

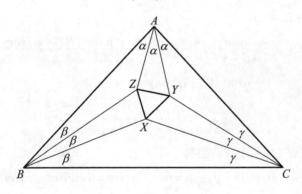

图 F.3

由此可得另一个结论：

（4）恒等式

$$\sin 3\alpha = 4\sin\alpha \sin(60° + \alpha)\sin(60° - \alpha) \qquad (4)$$

只要利用和差角公式，计算出

$$\sin(60° + \alpha)\sin(60° - \alpha)$$
$$= (\sin 60°\cos\alpha + \cos 60°\sin\alpha)(\sin 60°\cos\alpha - \cos 60°\sin\alpha)$$

$$= \frac{3}{4}\cos^2\alpha - \frac{1}{4}\sin^2\alpha = \frac{1}{4}\left[\,3\cos^2\alpha - (1-\cos^2\alpha)\,\right]$$

$$= \frac{1}{4}\left[\,3-4(1-\cos^2\alpha)\,\right] = \frac{1}{4}(3-4\sin^2\alpha)$$

即

$$3-4\sin^2\alpha = 4\sin(60°+\alpha)\sin(60°-\alpha)$$

于是由式(3),可得

$$4\sin\alpha\sin(60°+\alpha)\sin(60°-\alpha) = \sin\alpha(3-4\sin^2\alpha) = \sin3\alpha$$

此即恒等式(4)。

有了这些准备,我们按图 F.3 来证明莫雷定理。

首先,由式(2)有 $a=\sin A$。接下来在 $\triangle XBC$ 中应用正弦定理(1),由
$\dfrac{XB}{\sin\gamma} = \dfrac{a}{\sin\angle BXC}$,以及 $\angle BXC + \beta + \gamma = 180°$,有

$$XB = \frac{a\sin\gamma}{\sin\angle BXC} = \frac{a\sin\gamma}{\sin(180°-\beta-\gamma)} = \frac{a\sin\gamma}{\sin(\beta+\gamma)}$$

于是由式(4),可得

$$XB = \frac{\sin3\alpha\sin\gamma}{\sin(\beta+\gamma)} = \frac{4\sin\alpha\sin(60°+\alpha)\sin(60°-\alpha)\sin\gamma}{\sin(60°-\alpha)}$$

$$= 4\sin\alpha\sin(60°+\alpha)\sin\gamma$$

同理可得

$$ZB = 4\sin\gamma\sin(60°+\gamma)\sin\alpha$$

作辅助 $\triangle DEF$(如图 F.4),使得

$$\angle E = \beta,\ \angle D = 60°+\gamma,\ \angle F = 60°+\alpha,\ DE = 4\sin\alpha\sin\gamma\sin(60°+\alpha)$$

在 $\triangle DEF$ 中应用正弦定理,有

$$\frac{EF}{\sin(60°+\gamma)} = \frac{DE}{\sin(60°+\alpha)},\ \frac{DF}{\sin\beta} = \frac{DE}{\sin(60°+\alpha)}$$

由此二等式,分别可得

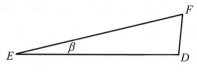

图 F.4

$$EF = \frac{DE\sin(60° + \gamma)}{\sin(60° + \alpha)} = 4\sin\alpha\sin\gamma\sin(60° + \gamma)$$

$$DF = \frac{DE\sin\beta}{\sin(60° + \alpha)} = 4\sin\alpha\sin\gamma\sin\beta$$

于是在 $\triangle XBZ$ 与 $\triangle DEF$ 中，$\angle XBZ = \beta = \angle DEF$，$XB = DE$，$BZ = EF$，因此 $\triangle XBZ \cong \triangle DEF$。所以最后得到

$$XZ = DF = 4\sin\alpha\sin\beta\sin\gamma \qquad\qquad (5)$$

在式(5)中，α, β, γ 处于对称的地位，即同理可算出 XY 与 YZ，从而有

$$XZ = XY = YZ$$

即 $\triangle XYZ$ 是一个等边三角形。莫雷定理证毕。

这个方法的特点是计算出 $\triangle XYZ$ 有等长度的三边，从而证明莫雷定理。表达式(5)最初由数学家米尔斯(C. N. Mills)用初等解析几何方法得出。他推导出此式用了约 20 页 A4 大小的纸，而这里转述的韦伯斯特使用的三角计算方法[①]就简便多了。

① R. J. Webster, *Mathematics Magazine*, Vol. 43, No. 4（Sep., 1970）, pp. 209 – 210.
———译注

关于作者

阿尔弗雷德·S.波萨门蒂博士目前是纽约城市大学纽约市技术学院的杰出讲师。在此之前,他是纽约长岛大学国际化和资助项目的执行董事。在此之前,他曾担任纽约梅西学院教育学院院长和数学教育教授5年。在此之前,他在纽约城市大学城市学院工作了40年。他现在是该校的数学教育名誉教授和教育学院名誉院长。他为教师、中小学生以及广大读者撰写及合作撰写了超过75本数学书籍。波萨门蒂博士也经常在报纸和期刊上发表与教育相关话题的评论。

在纽约城市大学亨特学院获得数学学士学位后,波萨门蒂到纽约布朗克斯区的西奥多·罗斯福高中担任数学教师。他在那里专注于提高学生的解题技巧,在教学中他还充实了远远超出传统教科书所提供的内容。在那里的6年任期内,他还建立了学校的第一批数学团队(包括初级和高级团队)。他目前仍然与美国及国际上的数学教师们一起努力,帮助他们最大限度地提升教学效果。

1970年加入纽约城市学院后(1966年他在那里获得硕士学位),波萨门蒂立即开始为中学数学教师开发在职课程,其中包括趣味数学和数学解题等专门领域。他曾担任了 10 年城市学院教育学院院长,因此他对教育问题的兴趣范围涵盖了该领域的方方面面。在担任院长期间,他在2009 年以一次完美的 NCATE①认证评估将学校从纽约州排名垫底提升到了榜首。波萨门蒂在梅西学院重复了这一成功转变,梅西学院是当时唯一同时获得 NCATE 和 TEAC②认证的学院。

　　1973 年,波萨门蒂在纽约福特汉姆大学获得数学教育博士学位,并将其在数学教育方面的声誉扩展到了欧洲。他曾在奥地利、英国、德国、捷克共和国、土耳其和波兰的好几所大学担任客座教授。1990 年,他在维也纳大学担任富布莱特教授。

　　1989 年,他被授予英国伦敦南岸大学荣誉研究员职位。为了表彰他在教学方面的杰出表现,城市大学校友会分别于 1994 年和 2009 年授予他"年度教育家"称号。纽约市议会议长将纽约市的 1994 年 5 月 1 日这一天以他的名字命名。1994 年,他还被授予奥地利共和国荣誉勋章。1999 年,经议会批准,奥地利共和国总统授予他奥地利大学名誉教授的头衔。2003 年,他被授予维也纳技术大学荣誉研究员头衔,2004 年被奥地利共和国总统授予奥地利一等艺术和科学荣誉十字勋章。2005 年,他

---

① NCATE 是美国国家教师教育认证委员会(National Council for Accreditation of Teacher Education)的缩写。——译注

② TEAC 是美国教师教育认证委员会(Teacher Education Accreditation Council)的缩写。——译注

被列入亨特学院校友名人堂。2006 年,他被城市学院校友会授予著名的汤森·哈里斯奖章。2009 年,他入选纽约州数学教育家名人堂。2010 年,他获得柏林技术学院的令人向往的克里斯蒂安-彼得-伯思奖。2017 年,他获得由墨西哥的墨西哥城塞巴斯蒂安基金会颁发的一致最高荣誉奖。

波萨门蒂在数学教育界担任过许多重要领导职务。他曾是纽约州数学-A 高中会考教育专员蓝丝带小组成员,还曾是专员数学标准委员会成员,该委员会重新界定了纽约州的数学标准。此外,他还曾是纽约市学校校长数学顾问小组的成员。

波萨门蒂博士目前仍然是教育问题的一位主要评论者,他保持着长期以来的热情,寻求使教师、学生和公众都对数学感兴趣的方法——这可以从他最近的一些书中看出:《数学巨擘:50 位著名数学家的人生与研究》(*Math Makers*:*The Lives and Works of 50 Famous Mathematicians*,Prometheus Books,2020)①,《通过解题理解数学》(*Understanding Mathematics Through Problem Solving*,World Scientific Publishing,2020)②,《解题心理学:成功数学思维的背景》(*The Psychology of Problem Solving*:*The Background to Successful Mathematics Thinking*,World Scientific Publishing,2020),《解决我们空间世界的问题》(*Solving Problems in Our*

---

① 此书中译本由人民邮电出版社出版,涂泓、冯承天译,2022 年。——译注
② 即本书的另一个版本。——译注

Spatial World，World Scientific Publishing，2019）,《帮助你的孩子学习数学的工具：策略、奇趣及让父母和孩子觉得数学有趣的故事》（*Tools to Help Your Children Learn Math：Strategies，Curiosities，and Stories to Make Math Fun for Parents and Children*，World Scientific Publishing，2019）,《日常生活中的数学》（*The Mathematics of Everyday Life*，Prometheus，2018）,《数学之乐》（*The Joy of Mathematics*，Prometheus Books，2017）,《增强数学问题解决能力的策略游戏》（*Strategy Games to Enhance Problem - Solving Ability in Mathematics*，World Scientific Publishing，2017）,《神奇的圆——超越直线的数学探索》（*The Circle：A Mathematical Exploration Beyond the Line*，Prometheus Books，2016）①,《激励数学教学的有效技术（第 2 版）》（*Effective Techniques to Motivate Mathematics Instruction*，2nd Ed.，Routledge，2016）,《数学中的解题策略》（*Problem-Solving Strategies in Mathematics*，World Scientific Publishing，2015）,《心中有数：数字的故事及其中的宝藏》（*Numbers：There Tales，Types，and Treasures*，Prometheus Books，2015）②,《数学奇趣》（*Mathematical Curiosities*，Prometheus Books，2014）,《精彩的数学错误》（*Magnificent Mistakes in Mathematics*，Prometheus Books，2013）③,《数学课堂上常见的 100 个问题：促进数学理

---

① 此书中译本由上海科技教育出版社出版，涂泓译、冯承天译校，2021 年。——译注
② 此书中译本由世界知识出版社出版，吴朝阳译，2019 年。——译注
③ 此书中译本由华东师范大学出版社出版，李永学译，2019 年。——译注

解的答案，6—12 年级》（100 *Commonly Asked Questions in Math Class*：*Answers that Promote Mathematical Understanding*，*Grades* 6—12，Corwin，2013），《成功的数学老师做什么（6—12 年级）》（*What Successful Math Teachers do - Grades* 6—12，Corwin，2013），《三角形的秘密：一段数学旅程》（*The Secrets of Triangles*：*A Mathematical Journey*，Prometheus Books，2012），《璀璨的黄金比例》（*The Glorious Golden Ratio*，Prometheus Books，2012），《激励学生的数学教学艺术》（*The Art of Motivating Students for Mathematics Instruction*，McGraw-Hill，2011），《毕达哥拉斯定理：力量与荣耀》（*The Pythagorean Theorem*：*Its Power and Glory*，Prometheus，2010），《中学数学教学：技巧与充实，第 9 版》（*Teaching Secondary Mathematics*：*Techniques and Enrichment Units*，9*th Ed.*，Pearson，2015），《数学惊奇和惊喜：迷人的数字和值得注意的数字》（*Mathematical Amazements and Surprises*：*Fascinating Figures and Noteworthy Numbers*，Prometheus，2009），《数学中的解题：3—6 年级：深化理解的强大策略》（*Problem Solving in Mathematics*：*Grades* 3—6：*Powerful Strategies to Deepen Understanding*，Corwin，2009），《得到高效优雅解答的解题策略，6—12 年级》（*Problem-Solving Strategies for Efficient and Elegant Solutions*，*Grades* 6—12，Corwin，2008），《神奇的斐波那契数列》（*The Fabulous Fibonacci Numbers*，Prometheus Books，2007），《数学 K-9 教科书系列进展》（*Progress in Mathematics K-9 textbook series*，Sadlier-Oxford，2006—2009），《成功的数

学老师做什么(K-5 年级)》(*What successful Math Teacher Do:Grades K-5*,Corwin 2007),《中学数学教师的示范实践》(*Exemplary Practices for Secondary Math Teachers*,ASCD,2007),《101 + 引入数学关键概念的伟大想法》(*101 + Great Ideas to Introduce Key Concepts in Mathematics*,Corwin,2006),《π,世界上最神秘数字的传记》(*π, A Biography of the World's Most Mysterious Number*,Prometheus Books,*2004*),《数学奇观:让数学之美带给你灵感与启发》(*Math Wonders:To Inspire Teachers and Students*,ASCD,2003)①,《数学魅力:给头脑的诱人花絮》(*Math Charmers:Tantalizing Tidbits for the Mind*,Prometheus Books,2003)。

---

① 此书中译本由上海科技教育出版社出版,涂泓译,冯承天译校,2016 年。——译注